U0941862

国家示范性高职院校建设项目成果
数控技术专业

零件数控车削加工

主　编　张宝君

副主编　郝继红

参　编　黄为民　于　杰　蔺智勇

主　审　邱　坤

机械工业出版社

本书是国家示范性高职院校建设项目成果之一，是国家级重点建设专业——数控技术专业核心课程教材。本书以就业为导向，以国家职业标准中的数控车工考核要求为基本依据，讲述了数控车床的安全操作和日常维护、数控车削加工的一般过程、轴类零件的数控车削加工、套类零件的数控车削加工、盘类零件的数控车削加工、综合类零件的数控车削加工等内容。

本书结合 FANUC 0i Mate-TC、华中 HNC－21T 和 SINUMERIK 802S/C 系统进行比较和讲解，有利于学生理解和记忆。各学习项目均以零件加工为主线，通过任务驱动的方式，详细介绍了轴类、套类、盘类和综合类零件的数控车削加工方法。通过［学习目标］、［工作任务］、［知识准备］、［任务实施］、［完成学习工作页］、［知识拓展］、［教学评价］、［学后感言］、［思考与练习］等形式引导学生学习，逐步培养学生数控车削加工的相关技能。

本书可作为高职院校数控技术、模具设计与制造、机械制造与自动化专业及相关专业教材，也可作为上述专业的学生参加国家职业技能鉴定等级考试的培训教材以及从事数控车床工作的工程技术人员的参考书和岗位培训用书。

图书在版编目(CIP)数据

零件数控车削加工/张宝君主编．—北京：机械工业出版社，2010.5
国家示范性高职院校建设项目成果．数控技术专业
ISBN 978－7－111－29877－9

Ⅰ．①零… Ⅱ．①张… Ⅲ．①机械元件－数控机床：车床－车削－高等学校：技术学校－教材 Ⅳ．①TH13②TG519.1

中国版本图书馆 CIP 数据核字（2010）第 036105 号

机械工业出版社(北京市百万庄大街 22 号 邮政编码 100037)
策划编辑：郑 丹 责任编辑：郑 丹 于奇慧
版式设计：霍永明 责任校对：刘怡丹
封面设计：鞠 杨 责任印制：杨 曦
北京蓝海印刷有限公司印刷
2010 年 8 月第 1 版第 1 次印刷
184mm×260mm ·13.25 印张·323 千字
0001—4000 册
标准书号：ISBN 978－7－111－29877－9
定价：24.00 元

凡购本书，如有缺页、倒页、脱页，由本社发行部调换

电话服务
社服务中心：(010)88361066
销 售 一 部：(010)68326294
销 售 二 部：(010)88379649
读者服务部：(010)68993821

网络服务
门户网：http://www.cmpbook.com
教材网：http://www.cmpedu.com
封面无防伪标均为盗版

前言

教育部把教材建设作为衡量高职高专院校深化教育教学改革的重要指标，为了落实教育部的指示精神，适应当前职业教育发展的新形势，通过对各职业院校及企业的广泛调研，由北京电子科技职业学院机械工程学院邱坤主持，与机械工业出版社联合开发了这套符合高等职业教育教学模式、教学方法改革的新教材。

本套教材是国家示范性高职院校建设项目成果，是国家级重点建设专业——数控技术专业核心课程教材，共八种，数控加工方向四种，数控维修方向四种。本套教材由一批具有丰富教学经验、拥有较高学术水平和实践经验的教授、企业专家、骨干教师和双师型教师编写，确保了教材的高质量、权威性和专业性，为高职课程改革教材建设提供了成功的范例。

本套教材编写过程中贯彻了以下原则：

一、充分吸取高等职业技术院校在探索培养高等技术应用型人才方面取得的成功经验。

二、采用最新国家标准及相关技术标准，把职业资格证书考试的知识点与教材内容相结合，真正做到工学结合。

三、贯彻先进的教学理念，以技能训练为主线、以相关知识为支撑，较好地处理了理论教学与技能训练的关系。

四、突出先进性。根据教学需要将新设备、新材料、新技术、新工艺等内容引入教材，以便更好地适应市场，满足企业对人才的需求。

五、以企业真实案例或产品为载体，营造企业工作环境，基于工作过程设计教学项目，使学生的学习更具实效。

六、创新编写模式。在符合认知规律的基础上，按照企业产品生产过程或实际工作过程组织教材内容，将知识点和技能点贯穿于项目实施过程中，增加学生的学习兴趣，培养学生自主学习的能力，提升学生的综合素质。

七、【知识拓展】环节的设计，开阔了学生的视野，有助于激发学生的创新意识，对创新型人才的培养进行有益探索。

本书以就业为导向，以国家职业标准中的数控车工考核要求为基本依据，以实用技能培训为重点，突出了职业技能教育。全书以零件加工为主线，通过任务驱动的方式，详细介绍了数控车床零件的加工方法，主要包括数控车床的安全操作和日常维护、数控车削加工的一般过程、轴类零件的数控车削加工、套类零件的数控车削加工、盘类零件的数控车削加工、综合类零件的数控车削加工等内容。

本书具有以下特点：

一、坚持以就业为导向、以能力为本位，以国家职业标准中级数控车工考核要求为基本依据，参照企业生产实际岗位要求编写。

二、以“数控加工技术应用于数控机床操作能力的培养”为指导思想，以实用为目的，专业知识内容以“必需”和“够用”为选材的尺度，并创新了编写模式。

三、以零件加工为主线，根据零件加工的实际需要，从解决实际加工问题的角度，以任务驱动的形式组织内容，从易到难，逐步深入。编写过程中注重理论知识和技能训练相结合，教学实训和生产实际相结合。

四、结合 FANUC 0i Mate-TC、华中 HNC-21T 和 SINUMERIK802S/C 系统进行讲解，并对三种系统进行比较，有利于学生理解和记忆。

五、通过【学习目标】、【工作任务】、【知识准备】、【任务实施】、【完成学习工作页】、【知识拓展】、【教学评价】、【学后感言】、【思考与练习】等形式引导学生学习，逐步培养学生数控车削加工的相关技能。

本书教学学时建议安排 192 学时，在实际机床操作中，各学校可根据实际情况选择相应的数控系统进行教学。

本书由北京电子科技职业学院机械工程学院院长张宝君任主编。具体编写分工为：于杰编写项目 1；蔺智勇编写项目 2；郝继红编写项目 5 和附录，并完成全书零件的立体图和 SINUMERIK 802S/C 的加工程序；黄为民编写项目 3、项目 4、项目 6 和项目 7。全书由郝继红统稿。北京电子科技职业学院机械工程学院数控技术系主任邱坤任主审。

本书可用作高职院校数控技术、模具设计与制造、机械制造与自动化专业及相关专业教材，也可作为上述专业的学生参加国家职业技能鉴定等级考试的培训教材，以及从事数控车床工作的工程技术人员的参考书及岗位培训用书。

本书的编写得到了北京海恒科华机电技术中心总经理章雷以及田逢海等技术人员的帮助和大力支持，北京机床研究所的金福吉和北京第一机床厂的于国忠对本书提出了许多宝贵的意见，在此一并表示衷心的感谢！

尽管我们尽心竭力，遗憾在所难免。本书不足之处，敬请读者批评指正。

编　者

目 录

项目 1

数控车床安全操作和日常维护

本项目主要介绍数控车床的种类和安全操作规程，以及数控车床的面板功能、日常维护和5S管理。

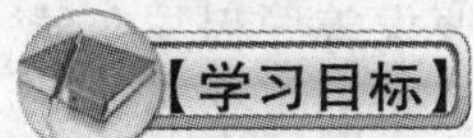
【学习目标】

知识目标

1）理解数控车床与卧式车床的区别。

2）了解数控车床的种类、日常维护和5S管理。

3）掌握数控车床安全操作规程和数控车床的面板功能。

技能目标

1）学会数控车床安全操作规程。

2）通过MDI方式的操作，能够设定主轴正转、反转、停止、转速及刀架的转动。

3）通过手动操作，会调整主轴正转和反转的转速，会调整 *X* 轴和 *Z* 轴的移动和停止，以及会调整刀架的转动。

4）通过手轮的操作，学会 *X* 轴和 *Z* 轴的转换和移动，以及倍率的应用。

5）通过程序的录入，学会编辑面板的应用。

6）能自觉地维护数控车床，并遵守5S的工作要求。

【工作任务】

任务1　认识数控车床

任务2　数控车床的安全操作

任务1　认识数控车床

本任务主要讲解数控车床的分类和结构。

【知识准备】

数控车床是具有广泛通用性和较大灵活性的高度自动化车床，是切削加工的主要技术装备，其加工范围很广，除可以自动对内外圆柱面、圆锥面、球面、成形表面、端面和各种螺纹进行加工外，还可以进行车槽、钻孔、扩孔、车孔、铰孔等加工，它是目前国内使用量最大、覆盖面最广的一种数控机床。最适于采用数控车床加工的零件有以下几种。

1. 精度要求高的回转体零件

数控车床所加工的零件，其尺寸精度通常可达0.01～0.001mm。通常在一次装夹后，可完成多道工序和表面的加工，因而提高了加工零件的位置精度。此外，由于加工运动是通过高精度插补运算和伺服驱动来实现的，所以能加工出形状精度要求较高的工件。

2. 表面粗糙度要求高的回转体零件

数控车床所具有的恒线速度切削功能使加工出的工件表面粗糙度值小而均匀，通常 R_a 值能达0.4～0.8μm。在零件材质、精车余量和刀具已选定的情况下，表面粗糙度值取决于进给量和切削速度，表面粗糙度值要求高的部位选用小的进给量，反之选大的。

3. 表面形状复杂的回转体零件

数控车床可以车削由任意直线和平面曲线组成的形状复杂的回转体零件。

4. 带有特殊螺纹的回转体零件

数控车床可以加工任何等导程的直、锥面螺纹；增导程、减导程以及要求等导程与变导程之间平滑过渡的螺纹；还可以加工出高精度的模数和端面螺纹等。同时，车削出来的螺纹精度高、表面粗糙度值小。

5. 超精密、超低表面粗糙度值的零件

在特种精密数控车床上，还可加工出几何轮廓精度极高（达0.0001mm）、表面粗糙度值极小（R_a 值达0.02μm）的超精密零件。

【任务实施】

教学组织实施建议：采取分组实训的形式，大部分在理论和实践相结合的“教学工厂”内进行。在教学中，贯彻“学为主体、导为主线、知识传授与能力培养并重”的原则，专业理论围绕专业实训这一核心活动，结合实训设备进行教学活动，通过小组讨论法、讲授法、演示法等组织教学。通过模拟企业的真实工作环境，使教学过程尽量贴近企业的实际生产流程。

一、数控车床的分类

1. 按数控车床布局分类

根据床身和导轨相对于水平面位置的不同，数控车床的布局通常有以下三种形式。

（1）水平床身　如图1-1所示，水平床身的加工工艺性好，便于导轨面的加工。水平床身上配有水平放置的高运动精度的刀架。但水平床身下部空间较小，排屑困难。

图1-1　水平床身

（2）斜床身　如图1-2所示，斜床身的导轨倾斜角有30°、45°、60°和75°等几种。它具有操作方便、排屑容易、机床占地面积小和外形美观等优点，但大的倾斜角度使得导轨的导向性和受力性变差，因此在中、小型的数控车床中运用较为普遍。

（3）立床身　如图1-3所示，立床身的布局方式最利于排屑，切屑自由落下，不易损伤导轨的表面，导轨的维护和防护相对比较简单；但数控车床的加工精度不如其他两种布局形式，所以较少运用。

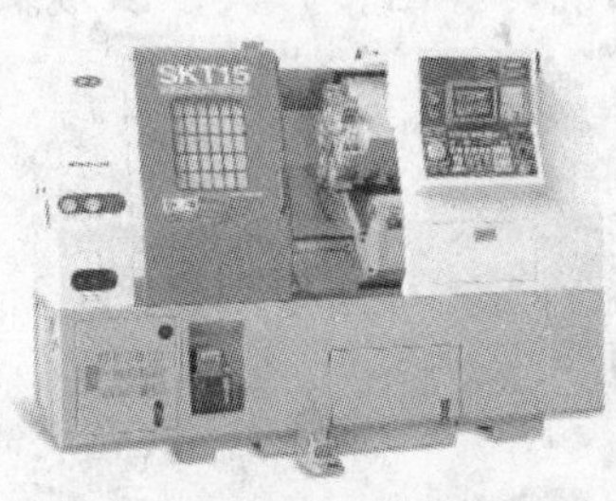

图1-2　斜床身

图1-3　立床身

数控车床的床身和导轨的布局形式不仅影响数控车床的结构和外观，而且直接影响数控车床的使用性能。

2. 按加工零件的基本类型分类

（1）卡盘式数控车床　这类数控车床未配置尾座，适合车削盘类零件。其装夹方式多为电动或液压卡盘，且多数有卡爪。

（2）顶尖式数控车床　这类数控车床配有普通尾座或液压尾座，适合车削较长的轴类零件以及直径不大的盘、套类零件。

3. 按主轴的配置形式分类

（1）卧式数控车床　其主轴的轴线处于水平位置，其床身和导轨分为多种布局形式，是目前应用最为广泛的一类数控车床。

（2）立式数控车床　其主轴的轴线处于垂直位置，并有一个直径很大的圆形工作台用于装夹工件。这类机床主要用于加工直径尺寸相对较大、长度尺寸较小的大型复杂零件。

4. 按数控系统功能分类

（1）经济型数控车床　如图1-4所示，经济型数控车床是以配置经济型的数控系统为主要特征，常采用开环或半闭环伺服系统进行控制。这类机床结构简单、价格低、手动调整转速、无刀尖圆弧半径自动补偿和恒线速度切削等功能。

（2）全功能型数控车床　如图1-5所示，全功能型数控车床的主轴采用能调速的直流或交流电动机来驱动，进给采用伺服电动机，常采用半闭环或闭环伺服系统控制，且数控系统功能多。这类机床具有高刚度、高精度和高效率等特点。

图1-4　经济型数控车床

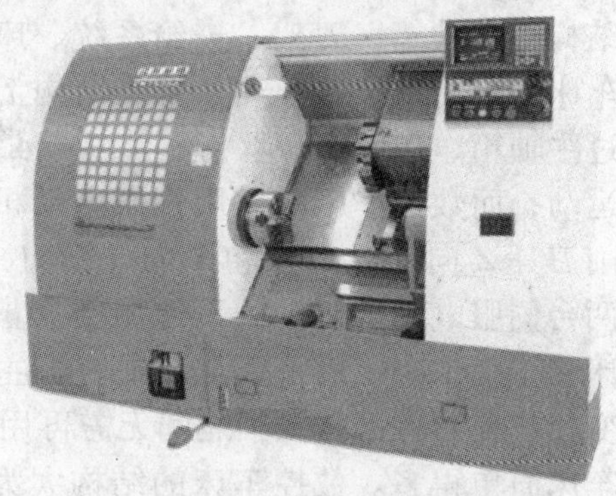
图1-5　全功能型数控车床

(3) 车削中心　如图1-6所示，车削中心除了具有一般数控车床的功能外，还采用了动力刀架，并可在刀架上安装钻头、铰刀、丝锥和铣刀等回转刀具，该刀架还具备动力回转功能。

图1-6　车削中心

(4) FMC车床　如图1-7所示，FMC车床通常是由数控全功能型数控车床或车削中心、机器人和控制系统等构成的一个柔性加工单元。它除了具备车削中心的功能外，还能实现工件的自动搬运和装卸。

图1-7　FMC车床

二、数控车床的结构

数控车床是由卧式车床发展而来的，它与卧式车床在结构形式上有许多相似之处，其结构由主轴箱、刀架、进给系统、床身以及液压、气压、润滑系统等部分组成，但数控车床的进给系统与卧式车床在结构上存在着本质区别。卧式车床的进给系统的驱动是经过主轴箱、进给箱、丝杠和溜板箱最终传到刀架，从而实现切削刀具的纵向和横向进给运动；而数控车床则采用伺服电动机驱动，并经滚珠丝杠传到滑板和刀架，进而实现切削刀具Z向（纵向）和X向（横向）的进给运动，数控车床刀架的两个运动方向分别由两台伺服电动机驱动，不使用交换齿轮和光杠等部件来传动，传动链短。全功能数控车床和车削中心一般采用交流或直流主轴控制单元来控制主轴，主轴按控制指令实现无级变速。控制单元与主轴之间无需再用齿轮副来进行变速，因而其主轴箱内的结构较卧式车床简单得多。数控车床的结构大为简单，而其精度和刚度却大大提高，其外观结构及内部图如图1-8所示。

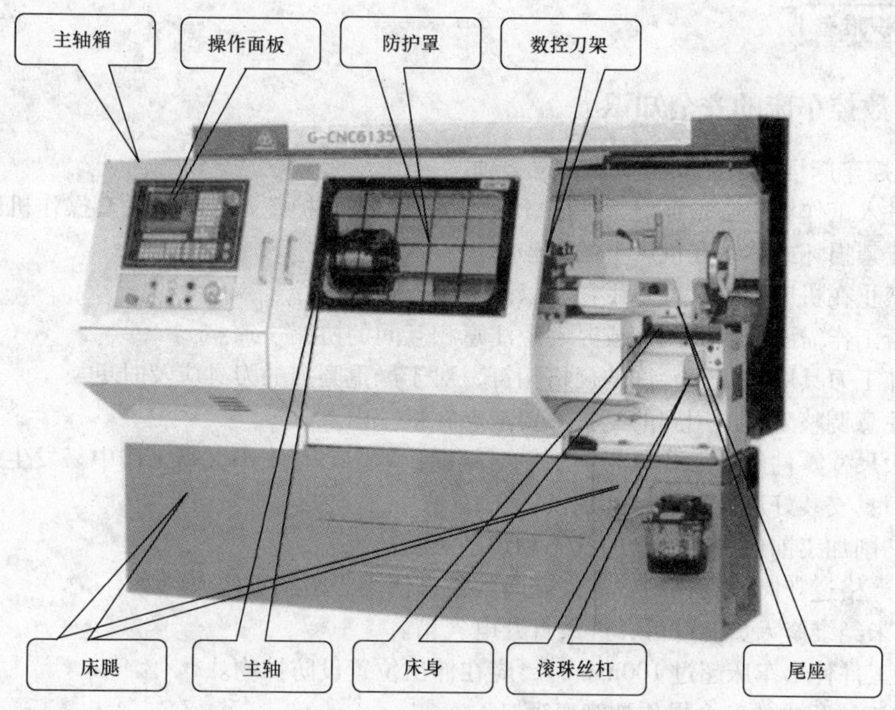

图 1-8 数控车床的外观结构及内部图

数控车床还可以通过配备自动送料、自动接料、自动排屑等多种附加设施组成柔性加工车床，以完成零件的自动化加工。

【知识拓展】

车削中心是典型的车铣复合加工设备，其主轴可以进行分度和圆弧插补运动。车削中心除能完成普通数控车床的切削功能外，还可在刀架上安装钻头、铣刀、铰刀和丝锥等回转刀具，它们由单独动力头来驱动，也称自驱动刀具。在车削中心上采用自驱动刀具对工件的加工方式分为两种情况：一种情况是主轴分度定位后进行固定，对工件进行钻孔、铰孔、铣削和攻螺纹等加工；另一种情况是主轴运动作为一个控制轴，其运动和 X、Z 轴的运动合成为进给运动，达到三坐标联动加工，完成工件表面上各种形状的沟槽、凸台、平面和孔等的加工。

如果机床带有副主轴，机床可以不停机实现工件另一面的加工，因此，可以实现在工件的一次装夹中自动完成工件整体的车、铣复合加工；同时可消除由于二次安装引起的同轴度等误差，缩短加工时间。现代车削中心的特点是：工艺范围宽、人工干预少、加工精度高、生产效率高和机床利用率高。

任务 2 数控车床的安全操作

本任务主要讲解数控车床的安全操作和日常维护，以及 5S 的工作要求。

【知识准备】

一、数控车床的安全知识

1. 数控车床运行前的安全操作注意事项

1）进入工作场所必须穿好工作服、戴好工作帽和防护镜。严禁戴手套操作机床。

2）严禁损坏或移动在机床上的警告标识。

3）禁止在机床周围放置障碍物，以保证工作空间。

4）若工作需要多人共同完成时，应注意相互间的协调一致。

5）加工刀具应与机床允许的规格相符，对于严重磨损的刀具应及时更换。

6）注意调整刀具所用到的工具不要遗忘在机床内。

7）大尺寸零件的中心孔应与加工需要相配；若中心孔太小，则工作中易发生危险。

8）刀具安装好后应进行试切削。

9）切削加工前应检查卡盘的状态和切削液的情况。

10）严格遵守岗位责任制，定人定岗，他人使用必须经责任人同意。

11）未经维修人员的许可，严禁打开电气箱。

12）工件伸出车床超过100mm时，应在伸出位置设防护物。

2. 加工过程中的安全操作注意事项

1）数控车床加工时必须关闭车床的防护门。

2）禁止用手接触铁屑和刀尖；清理铁屑必须要用铁钩子或毛刷。

3）严禁用手或其他任何物品接触正在旋转的主轴、工件或其他的运动部位。

4）禁止在加工过程中测量工件；不能用棉丝擦拭工件或清扫机床。

5）数控车床运转时，操作者不得离开岗位，发现机床异常应立即停机。

6）经常检查轴承的温度，若温度过高，应找维修人员进行检查。

7）在切削加工过程中不允许打开机床防护门。

8）学生必须在完全清楚操作步骤时才能进行操作，遇到问题应立即向教师请教，禁止进行任何尝试性的操作。操作中如发现机床出现异常情况，必须立即停机并向指导教师报告。

9）手动原点回归时，注意机床各轴位置要先向原点负向移动50～100mm。

数控车床原点回归顺序：必须首先X轴，其次Z轴。

10）使用手轮或手动快速移动各轴位置时，一定要看清机床X、Z轴方向的“+、-”号后再移动。移动时，先慢转手轮，观察机床移动方向无误后方可加快移动速度。

11）学生编制程序并将程序录入机床后，必须先进行图形模拟，准确无误后再进行机床试运行，且刀具应离工件端面100mm以上。

3. 切削加工程序运行注意事项

1）对刀应准确无误，刀具补偿号必须与程序调用刀具号相同。

2）检查机床各功能按键的位置和状态是否正确。

3）光标要放在主程序开头位置。

4）切削液加注应适量。

5）启动程序时，右手应做好按“急停”按钮的准备。在程序运行时，手不能离开“急停”按钮，遇紧急情况可立即按下“急停”按钮。

6）在程序运行中要“暂停”并测量工件尺寸时，要等机床完全停止，方可打开机床防护门进行测量，以免发生人身事故。

7）关闭系统时，要等主轴停止转动3min后才可关闭机床。

8）程序的钥匙在程序调整完成后应立即拿下，不得插在机床上，以避免无意中改变程序。

二、数控车床的日常维护

1）每天应清除切屑、擦拭机床和清扫工作场地，使机床与环境保持清洁状态。

2）严禁采用压缩空气清洁机床、电气柜和NC控制单元。

3）注意经常检查并更换已磨损和毁坏的机床导轨上的刮垢板。

4）注意经常检查润滑油、切削液的状态，并及时添加或更换。

5）要关闭机床操作面板上的系统电源后再关闭总电源。

6）机床长时间不使用时，应每周对NC及CRT部分通电2~3h。

7）机床工作前要有预热，检查润滑系统是否正常工作，如机床长时间未开动，应先采用手动方式向各部分供油润滑。

【任务实施】

教学组织实施建议：本任务采用小组讨论、教师集中讲解演示后学生分组进行等方式来完成教学。

一、FANUC 0i Mate-TC 系统

1. 操作准备

（1）接通电源

1）接通电源前应检查是否有维修标志和CNC机床外表是否正常。

2）接通电源后应观察屏幕画面的显示。若发生报警，则应进入报警画面查看，这时系统可能有故障。

3）检查冷却用风扇电动机是否正常旋转。

（2）断开电源

1）检查操作面板上循环启动的状态，应在停止状态。

2）检查CNC机床的所有移动部件是否处于停止状态。

3）检查有无外部连接的CNC系统及其是否处于关闭状态。

4）按下机床的“急停”按钮。

5）关闭机床的CNC系统。

6）切断机床总电源。

（3）手动返回参考点

1）选择返回参考点方式。

2）按下与返回参考点相应的轴和方向选择键，当刀架回参考点后，参考点指示灯

点亮。

2. 机床操作面板

机床的操作面板用于控制机床的动作及加工过程中的安全控制。

标准机床操作面板的绝大部分按键（除“急停”按钮外）均位于操作台的下部，见图1-9。“急停”按钮位于操作台的左上角。机床运行时，在危险和紧急情况下，按下“急停”按钮，CNC 即进入急停状态，伺服进给及主轴运转立刻停止（控制柜内的进给驱动电源被切断）；旋开“急停”按钮（左旋此按钮，按钮将自动跳起），CNC 则进入复位状态。解除紧急停止前，应先确认故障原因是否排除，且紧急停止解除后应重新执行回参考点操作，以确保坐标位置的正确性。

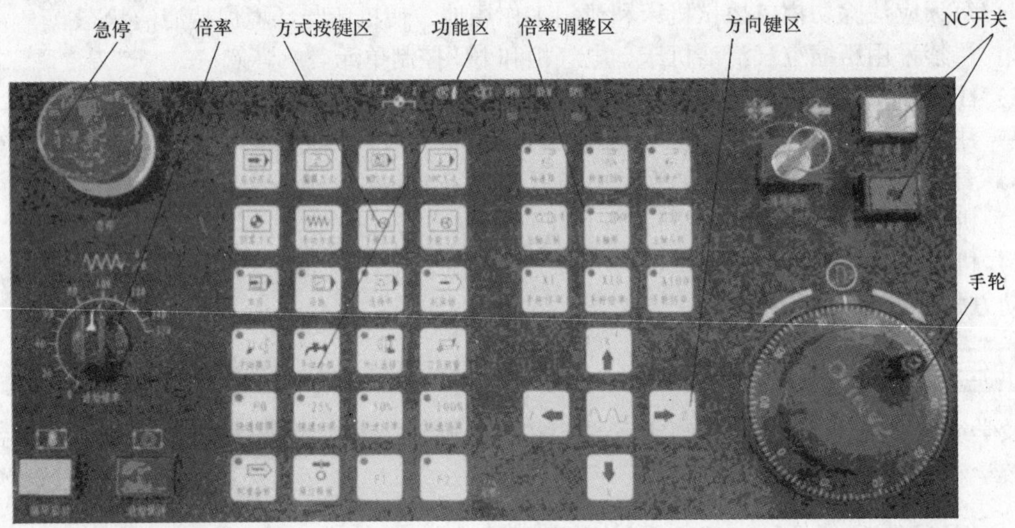

图 1-9 机床操作面板

注意：在启动和退出系统之前，应按下“急停”按钮，以保障安全及减少对机器设备的电冲击。

（1）安全功能 当为了安全要立即停止机床运行时，可以按“急停”按钮。为了防止机床超出行程，系统应有超程检查功能。

1）急停。若按下机床操作面板上的“急停”按钮，机床将立即停止运动。

2）限位。当机床试图移动到由机床限位开关设定的行程终点以外时，由于碰到限位开关，机床停止，显示 OVER TRAVEL。解决方法是按键“限位释放”可释放软限位。

（2）方式选择开关 机床的工作方式由手持单元和操作面板上的方式选择按键共同完成，如图 1-10 所示。

图 1-10 方式选择按键

方式选择按键对应的机床工作方式如下：

1）在“自动方式”下，按机床操作面板上的“循环启动”键，机床会根据编制的零件加工程序自动运行。

2）在“编辑方式”下，可编辑 CNC 中的加工程序。

3）在“MDI 方式”下，用 MDI 面板上的键在程序显示画面可编制最多 10 行的程序段，然后执行相关操作。

4）“DNC 方式”是自动运行方式中的一种，是在读入接在阅读机/穿孔机接口的外设上的加工程序的同时执行自动加工。它可以选定存储在外部输入/输出设备上的程序文件和按指定自动运行的顺序和执行次数执行。

5）选择“回零方式”键，再选择返回参考点相应的进给轴和方向选择开关，机床返回机床的参考点。

6）在“手动方式”下，按机床操作面板上的进给轴和方向键，机床将沿选定轴的选定方向移动。

7）在“手轮方式”下，机床可通过旋转机床的手摇脉冲发射器而连续不断地移动；用开关选择移动 Z 轴或 X 轴，并根据需要选择相应的进给倍率，可使机床按所选定的轴进行相应的进给运动。

（3）试运行控制　试运行功能用于在加工前检查机床是否按所编制的程序运行。

1）机床锁住。使用机床锁住功能执行加工程序时，机床不做运动，只显示刀具位置的变化。机床锁住有两类，一类是所有轴锁住，即停止全部轴的移动；另一类是指定轴锁住，仅停止指定轴的移动。

2）单段方式。启动单程序段方式“单段”，按下“循环启动”键时，仅执行单个程序段后机床停止。在单程序段方式中一段一段执行程序是为了检查程序。

3）快速移动倍率。快速移动倍率有四挡（F0，25%，50%，100%），如图 1-11 所示。

图 1-11　快速移动倍率

4）进给速度倍率。编程的给定进给速度可通过选择倍率刻度盘的百分值（%）来增加或减小，如图 1-12 所示。

图 1-12　进给速度倍率

（4）手动机床动作控制

1）“+X”、“-X”、“+Z”、“-Z”按键用于在手动进给及返回机床参考点方式下，选择进给坐标轴和进给方向，如图1-13所示。

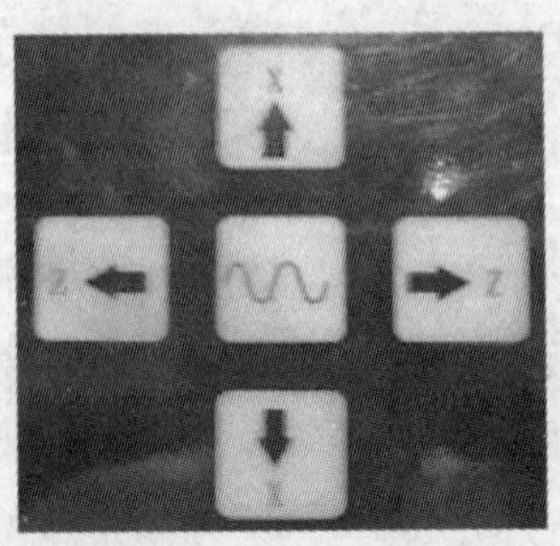

图1-13 进给轴手动按键图

2）在手动进给时，若同时按压“快进”键，则产生相应轴的正向或负向快速移动。

3）手轮及手轮倍率修调如图1-14和图1-15所示。

图1-14 手轮

图1-15 手轮倍率修调

手轮倍率波段开关的位置和增量值的对应关系见表1-1。

表1-1 手轮倍率波段开关的位置和增量值的对应关系

位置	×100	×10	×1
增量值/mm	0.1	0.01	0.001

4）在手动方式下，按“手动换刀”键，可转动刀架并完成换刀动作。每按动一次，刀架转动一个刀位。

5）切削液启动与停止。在手动方式下，按一下“手动冷却”键，切削液打开（默认值为切削液关），再按一下则为切削液关，如此循环。

6）主轴的运转方式包括正转、反转和停止。

① 主轴正转：在手动方式下，按下“主轴正转”键（指示灯亮），主轴电动机以设定的转速正转。

② 主轴反转：在手动方式下，按下“主轴反转”键（指示灯亮），主轴电动机以设定的转速反转。

③ 主轴停止：在手动方式下，按下“主轴停止”键（指示灯亮），主轴电动机停止运转。

7）主轴修调。自动方式及MDI运行方式下，当S代码编程给定的主轴速度偏高或偏低时，可用主轴修调的“转速100%”和“转速升”、“转速降”键（见图1-16）修调程序中编制的转速。按一下“转速升”、“转速降”键，主轴速度修调倍率递增10%、递减10%。在手动方式下，这些按键也可用于调节手动时的主轴转速。机械齿轮换挡时，主轴速度不能修调。

图1-16　手动主轴、冷却、换刀及主轴修调按键

（5）JOG进给

1）按手动JOG开关，它也是方式选择开关之一。

2）按进给轴和方向选择开关，机床沿相应轴的相应方向移动。在开关被按下期间，机床按设定的进给速度移动；开关一旦释放，机床就停止。

3）手动连续进给速度可由手动连续进给速度倍率调整。

4）若在开关进给轴和方向选择开关期间按下快速移动开关，则在快速移动开关被按下期间，机床按照快速移动速度运动，且在快速移动期间，快速移动倍率有效。

（6）增量进给

1）按增量进给INC开关，它也是方式选择开关之一。

2）用倍率开关来选择每一步移动的倍率。

3）按进给轴和方向选择开关，机床将沿选择的轴和方向移动。每按一次开关，就移动一步。其进给速度和手动连续进给速度是一样的。

（7）手轮进给

1）按手轮进给HANDEL开关，它也是方式选择开关之一。

2）按手轮进给轴选择开关，选择一个要移动的进给轴。

3）选手轮进给倍率开关，选择机床移动的倍率。手摇脉冲发生器转过一个刻度，机床移动的最小距离为最小输入增量单位。

4）旋转手轮，机床将沿选择轴X或Z轴移动。

（8）选择停　在自动方式下，按下“选择停”键，当遇到M01指令时程序就停止。

（9）程序段跳　在自动方式下，按下“段跳”键，则跳过在程序段开头带有“/”的程序段。

（10）机床操作应注意的问题

1）手动操作。当手动操作机床时，要确定刀具和工件的当前位置，并确保正确地指定了运动轴、方向和进给速度。不正确地操作机床可能造成刀具、机床和工件的损坏，甚至伤害操作者。

2）手动返回参考点。接通电源后，应执行手动返回参考点操作。如果没有执行返回参考点就操作机床，机床的运动将不可预料。行程检查功能在执行返回参考点之前不可执行。机床的误动作有可能造成刀具、机床和工件的损坏，甚至伤害操作者。

3）手轮进给。手轮进给时，在大的倍率（比如100）下旋转手轮，刀具和工作台会快速移动。大倍率的手轮移动有可能会造成刀具或机床的损坏，甚至伤及操作者。

4）倍率禁止。在螺纹加工、刚性攻螺纹和其他攻螺纹期间，如果倍率被禁止（根据宏变量的规定），速度将不可能预测，可能会造成刀具、机床本身和工件的损坏，或者伤害操作者。

5）清除原点/原点预置操作。在机床按照程序运行时，不要进行清除原点或原点预置的操作。否则，机床有可能会出现误操作，可能会造成刀具、机床本身的损坏。

6）工件坐标系偏移。手动干预、机床锁住和镜像可能移动工件坐标系。用程序控制机床运行前，请仔细检查坐标系。用程序控制机床的运行时，程序不允许有坐标系的移动，任何坐标零点的移动都会使机床产生误动作，造成刀具、机床本身或工件的损坏。

7）软操作面板和菜单开关。组合使用软操作面板、MDI 面板和菜单开关，可以指定机床操作面板上没有的操作功能，例如倍率值改变、方式切换和手动进给等。

注意：如果对 MDI 面板按键进行误操作，机床可能会发生误动作，有可能会导致刀具、机床本身和工件的损坏，或伤害操作者。

8）人工干预。如果在机床程序运行时进行人工干预，当再次启动程序时，刀具的运动轨迹可能发生变化。因此，在人工干预后、重新启动程序之前，必须确认绝对值开关、参数和绝对值/增量值命令方式的设定。

9）单程序段运行和进给暂停、倍率。进给暂停、倍率和单程序段功能可以用系统的用户宏变量#3004 取消，操作者在这种状态下操作机床一定要小心。

10）空运行。通常操作者使用空运行来确认机床运行的正确性。在空运行期间，机床以与编程速度不同的空运行速度运动。应注意：空运行的速度有时比编程进给速度高。

11）在 MDI 方式中刀具或刀尖半径的补偿。操作者在 MDI 方式中应特别注意用命令指定刀具的轨迹，因为在 MDI 方式中不进行刀具半径或刀尖半径的补偿。当用 MDI 方式输入命令中断处于刀具半径或刀尖半径补偿方式的自动操作时，请在恢复自动运行方式后特别注意刀具的路径。操作者请务必参阅相关功能的详细叙述。

12）程序编辑。机床在程序控制下运行时，如果在机床停止后进行程序编辑（插入、修改或删除），此后再次起动机床恢复自动运行，机床将可能发生不可预料的动作。一般来说，当加工程序还在使用时，一定不要插入、修改或者删除其中的命令。

3. 机床控制面板的使用方法

系统的控制面板由 CRT/MDI 操作面板和用户操作键盘等组成，CRT/MDI 操作面板用于操作者直接控制机床的动作或加工过程，用户操作键盘用于操作者进行系统操作编程、对刀等操作。标准的控制面板如图 1-17 所示。

（1）复位　按“RESET”键，可复位，用以消除警报等。

（2）帮助　按“HELP”键，用来显示操作机床的详细信息（帮助功能）。

（3）地址和数字键　用于输入数字、字母以及其他字符。

（4）切换键　地址和数字键有两个字符，按“SHIFT”键可选择字符，表示键面右下角

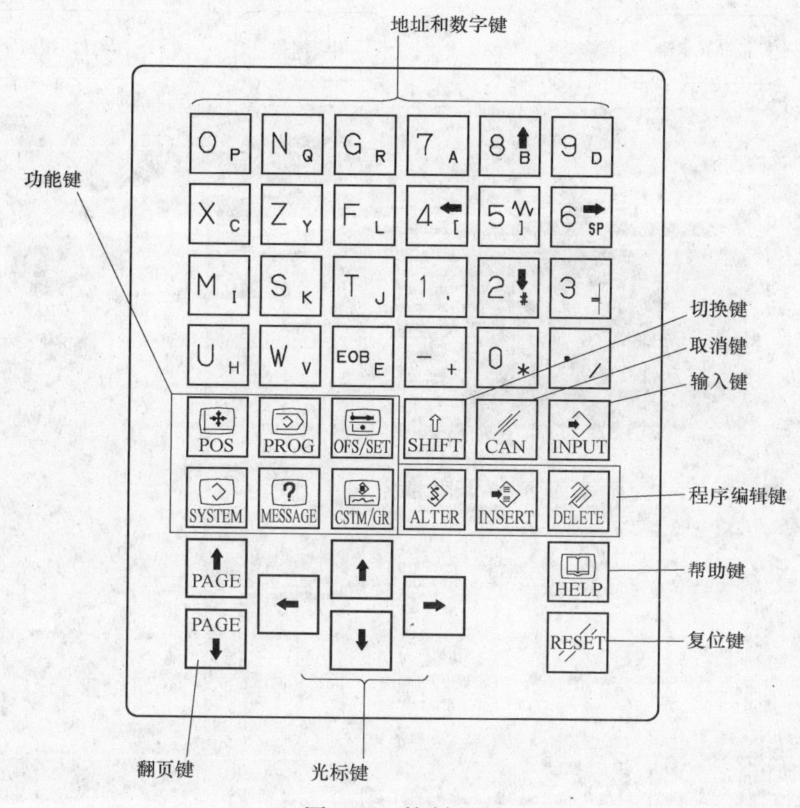

图 1-17　控制面板

的字符可以输入。

（5）输入键　当按下数字键或地址键后，数据输入到缓冲器，可在 CRT 屏幕上显示出来，要把输入到缓冲器中的数据复制到寄存器中，可按“INPUT”键，此键相当于软键的［INPUT］键。

（6）取消键　按“CAN”键可清除已输入到缓冲器的最后一个字符或符号。当显示输入缓冲器的数据为：> N003X100Z＿时，按“CAN”键，则字符 Z 被取消，并显示：> N003X100。

（7）程序编辑键　编辑程序时，按“INSERT”为插入，按“DELETE”为删除，按“ALTER”为替换。

（8）功能键　按“POS”键，则显示位置画面；按“PROG”键，则显示程序画面；按“OFS/SET”键，则显示刀偏/设定（SETTING）画面；按“SYSTEM”键，则显示系统画面；按“MESSAGE”键，显示信息画面；按“CSTM/GR”键，则显示用户宏画面或显示图形画面。

二、华中 HNC-21T 系统

华中 HNC-21T 系统的操作面板由 CRT/MDI 操作面板和用户操作键盘组成。CRT/MDI 操作面板用于直接控制机床的动作或加工过程；用户操作键盘用于系统操作编程、对刀等操作。标准的操作面板如图 1-18 所示。

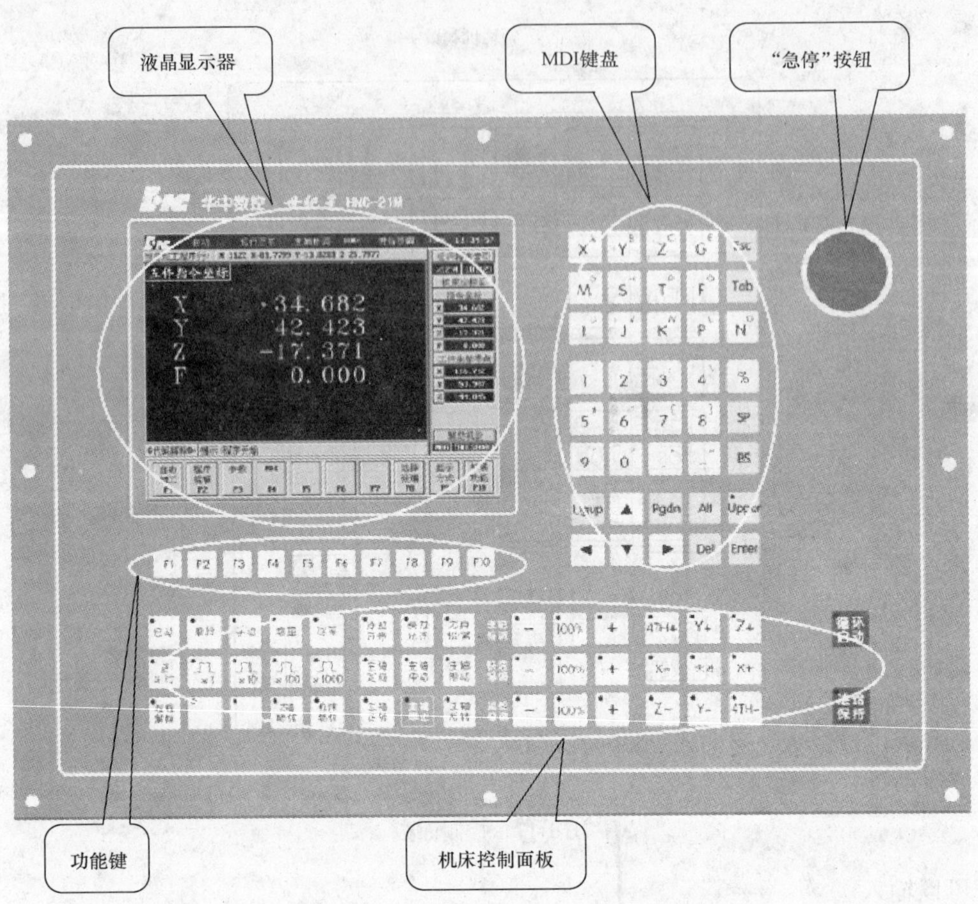

图 1-18　华中 HNC-21T 车床数控装置操作面板

1. “急停” 按钮

“急停” 按钮位于操作台的右上角。机床在运行过程中，若发生危险或紧急情况，按下 “急停” 按钮，CNC 将处于急停状态，伺服进给及主轴运转将立刻停止（控制柜内的进给驱动电源被切断）；旋开 “急停” 按钮（左旋此按钮，按钮将自动跳起），CNC 进入复位状态。解除紧急停止前，应先确认故障故障是否排除，且紧急停止解除后必须重新执行回参考点操作，以确保坐标的正确。

注意：在启动和退出系统之前，应按下 “急停”，以保障人身、财产安全及减少对机器设备的电冲击。

2. HNC-21T 系统软件操作界面

HNC-21T 的软件操作界面如图 1-19 所示。

（1）图形显示窗口　根据需要，可用功能键 F9 设置窗口的显示内容。在显示方式菜单下，可以设定显示模式、图形放大倍数、显示值、显示坐标系、夹具中心绝对位置、内孔直径、毛坯大小等。

（2）菜单命令条　操作界面中最重要的一块是菜单命令，如图 1-20 所示。通过菜单命令中的功能键 F1 ~ F10 可完成程序编辑、自动加工、参数设定等系统功能的操作。因每个功能又包括不同的操作，菜单采用层次结构，即在主菜单下选一个菜单项后，就会显示该功

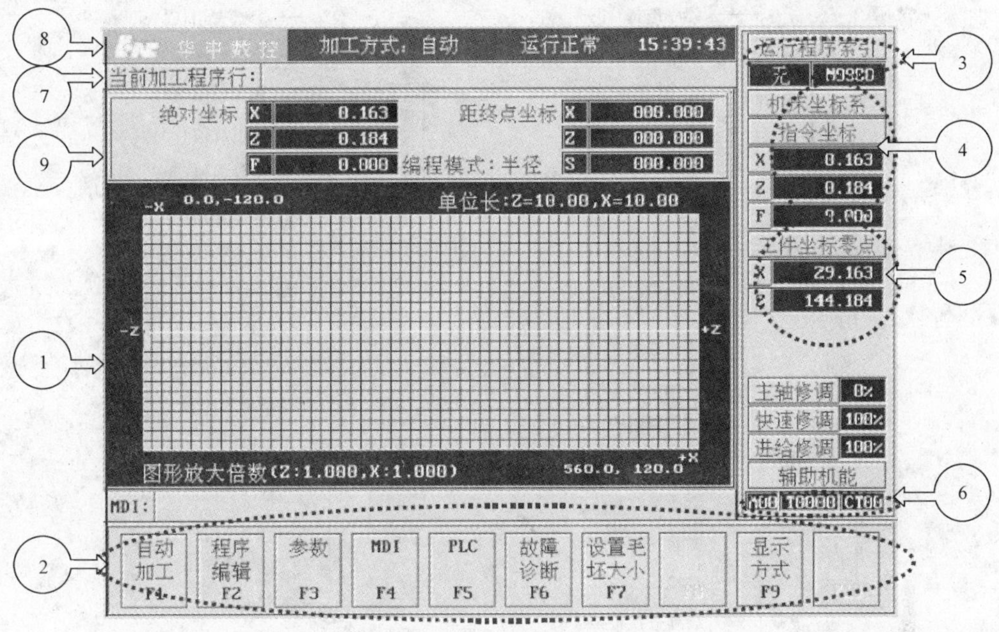

图 1-19　HNC-21T 的软件操作界面

能下的子菜单，用户可根据该子菜单的内容继续选择所需的操作。当要返回主菜单时，按子菜单下的 F10 键即可。HNC-21T 的功能菜单结构如图 1-21 所示。

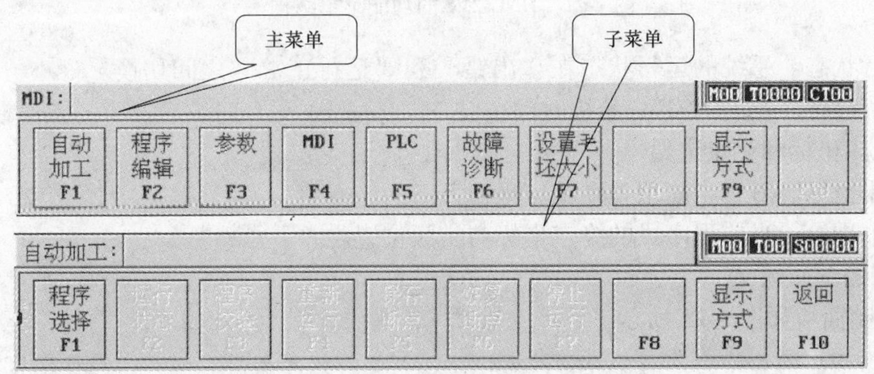

图 1-20　菜单命令条

（3）运行程序索引　显示自动加工中的程序名及当前程序段顺序号。

（4）选定坐标系　坐标系可在工件坐标系/机床坐标系/相对坐标系之间进行切换。显示值可在指令位置/剩余进给/实际位置/跟踪误差/负载电流和补偿值之间切换。

（5）工件坐标零点　显示的是工件坐标系零点在机床坐标系中的坐标值。

（6）辅助机能　显示自动加工中的 S、M 和 T 代码。

（7）当前加工程序行　显示当前正在加工或将要加工的程序段。

（8）当前加工方式和系统运行状态，以及当前时间

1）加工方式。系统的加工方式根据机床控制面板上相应按键的状态可在自动（运行）/单段（运行）/手动（运行）/增量（运行）/回零/急停/复位等不同方式之间切换。

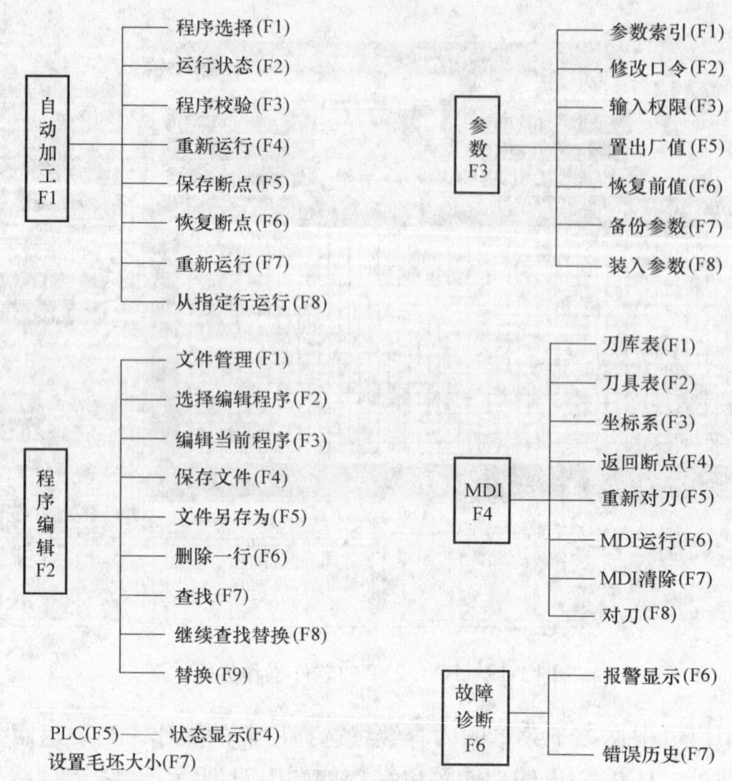

图 1-21　HNC-21T 的功能菜单结构

2）运行状态。系统的运行状态在“出错”和“运行正常”之间切换。

3）系统时钟。当前的 CNC 系统时间。

（9）机床坐标和剩余进给

1）机床坐标。刀具当前位置在机床坐标系下的坐标值。

2）剩余进给。当前程序段的终点坐标与实际位置之差。

3. 机床控制面板

机床控制面板如图 1-22 所示。

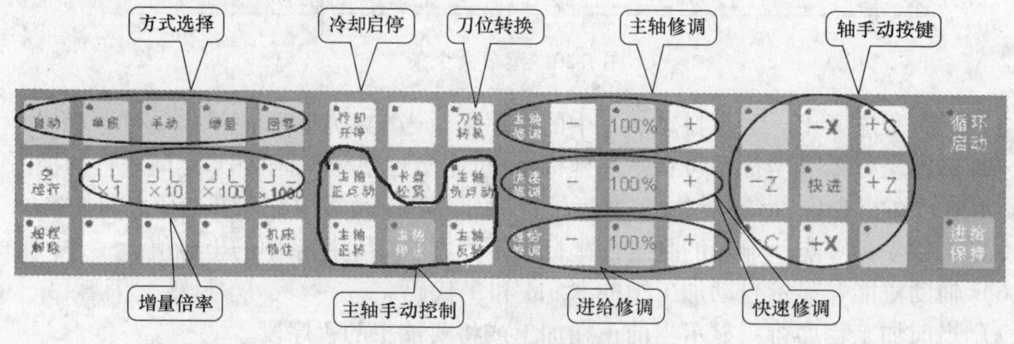

图 1-22　机床控制面板

（1）方式选择　机床的工作方式由手持单元和控制面板上的方式选择按键共同决定。

方式选择按键及其对应的机床工作方式如下：

1）“自动”。选择自动运行方式。

2）“单段”。选择单程序段执行方式。

3）“手动”。选择手动连续进给操作方式。

4）“增量”。选择增量/手摇脉冲发生器进给操作方式。

5）“回零”。选择返回机床参考点操作。

（2）坐标轴移动 坐标轴移动按键如图1-23所示。

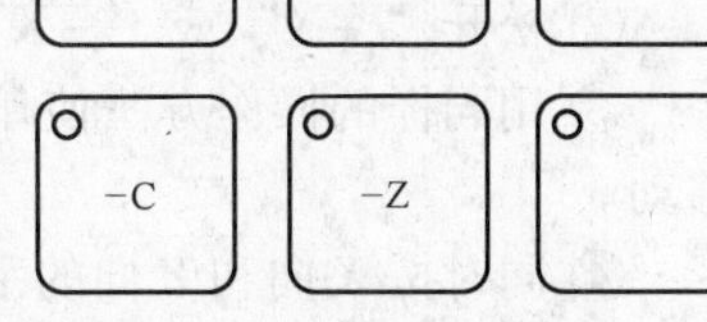

图1-23 坐标轴移动按键

1）“+X”、“-X”、“+Z”、“-Z”按键用于在手动连续进给及返回机床参考点方式下，选择进给坐标轴和进给方向。

2）“+C”和“-C”只在车削中心上有效，用于手动进给 C 轴。

3）快进按键与“+X”、“-X”、“+Z”、“-Z”按键配合使用，以完成快速进给。

（3）速率修调 速率修调按键如图1-24所示。

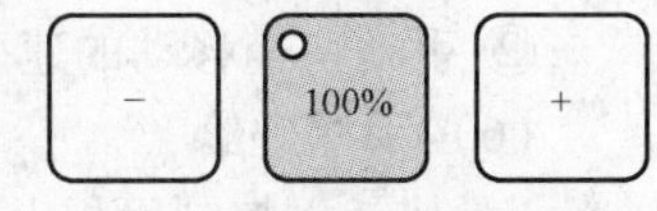

图1-24 速率修调按键

1）进给修调。在自动方式或MDI运行方式下，当F代码编程的进给速度偏高或偏低时，可用进给修调的“+”、“-”和“100%”按键来修调程序中编制的进给速度F。

按一下“+”或“-”键，进给修调倍率递增或递减2%。

2）快速修调。在自动方式或MDI运行方式下，可用快速修调的“+”、“-”和“100%”按键修调G00快速移动时系统参数“最高快移速度”设置的速度。

按一下“+”或“-”按键，快速修调倍率递增或递减2%。

在手动连续进给方式下，快速修调按键可调节手动快移速度。

3）主轴修调。自动方式或MDI运行方式下，当S代码编程的主轴速度偏高或偏低时，可用主轴修调的“+”、“-”和“100%”按键修调程序中编制的主轴速度。

按一下“+”或“-”按键，主轴修调倍率递增或递减2%。在手动方式下，这些按键可调节手动时的主轴速度。机械齿轮换挡时，主轴速度不能修调。

（4）返回机床参考点 按一下“回零”按键（指示灯为亮），系统处于手动回参考点方式，可手动返回参考点（以 X 轴回参考点为例说明）：根据 X 轴“回参考点方向”的设置，按一下“+X”（回参考点方向为“+”）按键，X 轴将以“回参考点快移速度”设定的速度快进；X 轴碰到参考点开关后，将以“回参考点定位速度”设定的速度进给，当反馈元件检测到基准脉冲时，X 轴减速并停止，回参考点完成，此时“+X”按键内的指示灯亮。采用同样的操作方法，使用“+Z”按键可以使 Z 轴回参考点。

注意：

① 每次接通机床电源后，必须先用以上方法完成各轴的返回参考点操作，然后再进入其他运行方式，以确保各轴坐标的正确。

② 在机床回参考点前，应确保回零的坐标轴位于参考点的“回参考点方向”相反侧；否则应手动移动该轴直到满足此条件。

③ 为防止先回 Z 向可能导致刀架与尾座相撞，应 X 向先回。

④ 同时按 X 向和 Z 向的手动按键，可使 X 轴、Z 轴同时执行返回参考点操作。

⑤ 系统各轴回参考点后，只要在运行过程中伺服驱动装置不出现报警，其他报警出现都不需要重新回零（包括按下“急停”按钮）。

（5）手动进给

1）按一下“手动”按键（指示灯亮），系统处于手动运行方式，可手动移动机床坐标轴。下面以手动移动 X 轴为例进行说明：

① 按压“+X”或“-X”按键（指示灯亮），X 轴将正向或负向连续移动。

② 松开“+X”或“-X”按键（指示灯灭），X 轴即减速停止。

③ 用同样的操作方法使用“+Z”、“-Z”按键，可以使 Z 轴产生正向或负向连续移动。

④ 同时按 X 向和 Z 向的手动键，可同时手动连续移动 X 和 Z 轴。

⑤ 在手动连续进给方式下，进给速率为系统的“最高快移速度”乘以进给修调选择的进给倍率。

2）快速移动。

① 在手动连续进给时，若同时按“快进”按键，则产生相应轴的正或负向快速运动。

② 手动快速移动的速率为系统的“最高快移速度”乘以快速修调选择的快速倍率。

（6）手摇进给

1）按一下控制面板上的“增量”键（指示灯亮），系统处于手摇方式，可手摇进给机床坐标轴。手持单元由手摇脉冲发生器、坐标轴选择开关组成，如图 1-25 所示。

下面以手摇进给 X 轴进行说明：

① 将手柄拨到“X”挡。

② 手动顺时针/逆时针旋转手摇脉冲发生器一格，X 轴将向正或负向移动一个增量值。

用同样的操作方法操作手持单元，可以使 Z 轴正或负向移动一个增量值。

手摇进给方式每次只能进给 1 个坐标轴。

2）手摇进给的值（手摇脉冲发生器每转一格的移动量）由面板上的增量倍率波段开关“×1”、“×10”和“×100”控制。

增量倍率波段开关的位置和增量值的对应关系见表 1-2。

图 1-25 手持单元

表 1-2 增量倍率波段开关的位置和增量值的对应关系

位置	×1000	×100	×10	×1
增量值/mm	1	0.1	0.01	0.001

（7）机床锁住 机床锁住即禁止机床所有的动作。

在手动运行方式下，按一下“机床锁住”键（指示灯亮），此时再进行手动操作，显示屏上的坐标轴位置信息变化，但不输出伺服轴的移动指令，机床停止不动。一般在自动运行开始前，按下“机床锁住”键，再按“循环启动”键，用于校验程序。

注意:

①“机床锁住”键只在手动方式下才有效。

② 机床辅助功能 S、M、T 仍有效。

③ 在自动运行过程中，按“机床锁住”键，此时“机床锁住”键无效。

④ 若机床在机床锁住状态下执行加工程序，只在运行结束时，才可解除机床锁住状态。

⑤ 每次执行此功能后，必须重新执行回参考点操作。

⑥ 即使是 G28、G29 功能，刀具也不会运动到参考点。

(8) 自动运行 按一下“自动”键（指示灯亮)，系统则处于自动运行方式，机床各坐标轴的控制由 CNC 自动完成。

1) 自动运行启动——循环启动。在自动方式下，在系统主菜单中按“F1”键，进入自动加工子菜单，再按“F1”键，选择要运行的程序，然后按下“循环启动”键（指示灯亮)，自动加工开始。

注意: 自动运行方式的按键同样适用于 MDI 运行方式和单段运行方式。

2) 自动运行暂停——进给保持。在自动运行过程中，按下“进给保持”键（指示灯亮)，程序执行暂停，机床运动轴减速停止。暂停期间，主轴功能 S、辅助功能 M 和刀具功能 T 保持不变。

3) 进给保持后的再启动。在自动运行暂停状态下，按下“循环启动”键，系统将重新启动，从暂停的状态继续运行。

(9) 单段运行 按下“单段”键，系统处于单段自动运行方式（指示灯亮)，程序将逐句执行。

1) 按一下“循环启动”键，运行一句程序，机床进给轴减速停止，刀具停止，主轴电动机保持状态。

2) 再按一下“循环启动”键，则执行下一句程序，执行完后又再次停止。

在单段运行方式下，适用于自动运行的按键依然有效。

(10) 超程解除 在伺服轴行程的两端各有一个极限开关，用于防止伺服机构碰撞而损坏。每当伺服机构碰到行程极限开关时，就会出现超程报警。当某轴出现超程(“超程解除”按键内指示灯亮）时，系统视其状况为紧急停止；若要退出超程状态，必须:

1) 松开“急停”按钮，置工作方式为“手摇”或“手动”进给方式。

2) 一直按着“超程解除”键（控制器会暂时忽略超程)。

3) 在手动或手摇的进给方式下，使该轴向相反方向移动，退出超程状态。

4) 松开“超程解除”键。

若显示屏上的运行状态栏以“运行正常”取代了“出错”，表示系统恢复正常，可继续操作。

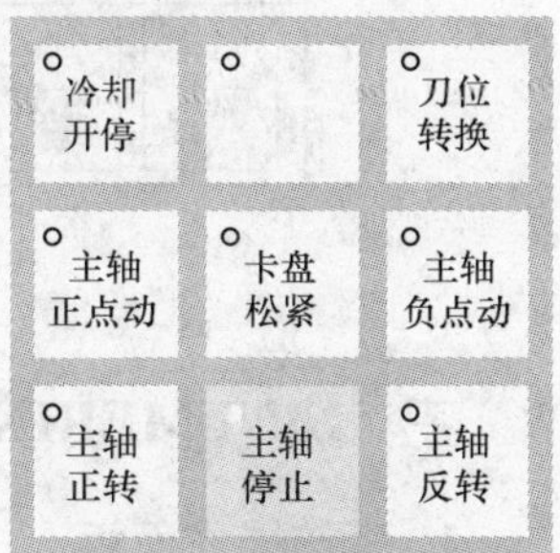

图 1-26 手动机床动作控制按键

(11) 手动机床动作控制 手动机床动作控制按键如图 1-26 所示，主要用于主轴的刀架转位、手动控制、卡盘的松紧和切削液的启停等。

1) 主轴正转。在手动方式下，按下“主轴正转”键（指示灯亮），主轴电动机以机床设定的转速正转。

2）主轴反转。在手动方式下，按下“主轴反转”键（指示灯亮），主轴电动机以机床设定的转速反转。

3）主轴停止。在手动方式下，按下“主轴停止”键（指示灯亮），主电动机停止运转。

注意：“主轴正转”、“主轴停止”、“主轴反转”这几个按键互锁，即按下其中一个（指示灯亮），其余两个会失效（指示灯灭）。

4）刀位转换与选择。在手动方式下，按一下“刀位转换”键，系统会预先计数，转塔刀架将转动一个刀位，依此类推。按几下“刀位转换”键，系统将预先计数，转塔刀架转动几个刀位，接着按“刀具选择”键，转塔刀架才真正转动至指定的刀位。

5）冷却启动与停止。在手动方式下，按一下“冷却开停”键，切削液开（默认值为切削液关），再按一下则为切削液关，如此循环。

（12）手动数据输入（MDI）方式　在主操作界面下按“F4”键，进入 MDI 功能子菜单，命令行与菜单条的显示如图 1-27 所示。在 MDI 功能子菜单下按“F6”键，进入 MDI 运行方式，命令行的底色变成白色，并且有光标在闪烁，这时可从 NC 键盘输入并执行一个代码指令段。

注意：在自动运行过程中，不能进入 MDI 运行方式，可在进给保持后进入。

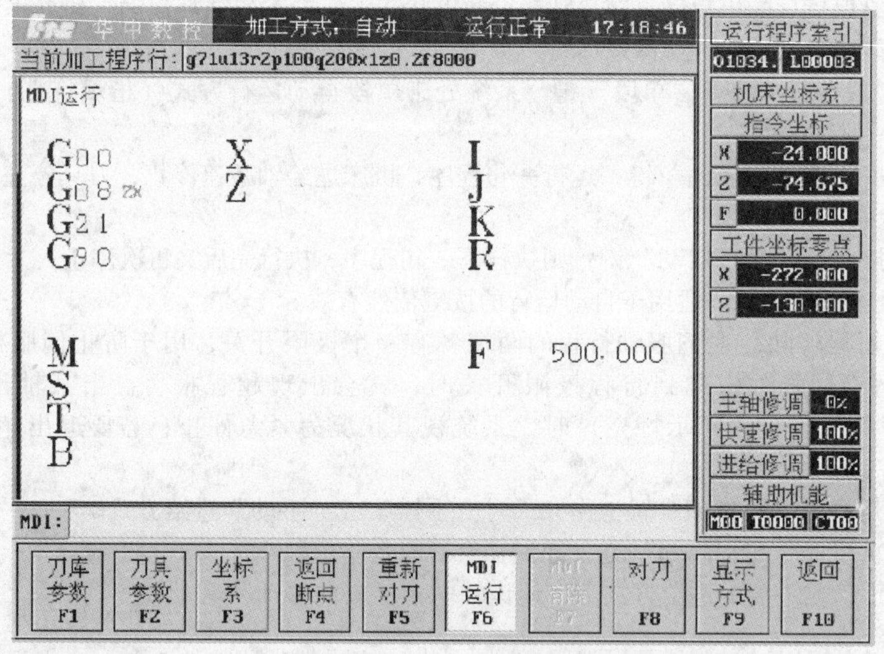

图 1-27　MDI 运行界面

三、SINUMERIK 802S/C 系统

1. 系统操作面板

如图 1-28 所示，SINUMERIK 802S/C 系统的操作面板由 CRT/MDI 操作面板和用户操作键盘组成。CRT/MDI 操作面板用于直接控制机床的各种动作和加工过程，用户操作键盘用

于系统操作编程、对刀等操作。

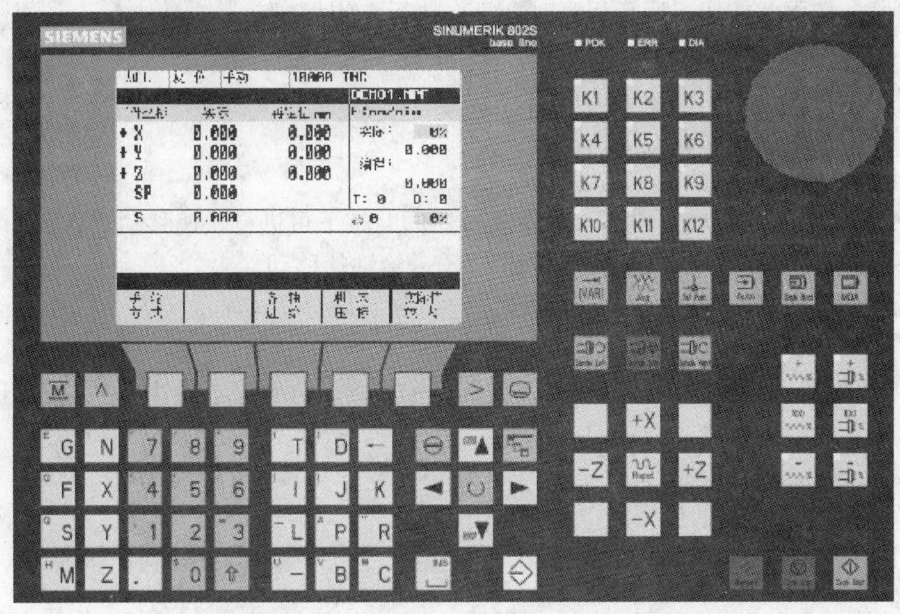

图 1-28　SINUMERIK 802S/C 系统的操作面板

用户操作键盘的按键名称如图 1-29 所示。

图 1-29　用户操作键盘的按键名称

1）紧急停止。按下“急停”按钮，则机床的所有移动立刻停止，并且所有的输出如主轴转动等都会关闭。

2）增量选择。在单段或手轮方式下，用于选择移动距离。有三挡：×100，×10，×1。

3）手动方式。手动方式下连续移动进给轴。

4）自动方式。进入自动加工模式状态。

5）机床回零。机床必须执行回零点操作，然后才可以运行；要先回 X 向，然后 Z 向。

6）单段。按下此按钮，运行程序时，每次执行一句程序。

7）手动数据输入（MDA）方式。执行在 MDA 方式下输入的指令，此指令不被保留。

8）主轴正转。按下此键，主轴正转。

9）主轴停止。按下此键，主轴停转。

10）主轴反转。按下此键，主轴反转。

11）快速按钮。在手动方式下，与移动按钮同时按下可进行快速移动。

12）移动按钮。在手动方式下，进行 X、Z 进给轴的移动。

13）复位。按下此键则复位 CNC 系统，包括取消报警、主轴故障复位、中途退出自动操作循环、输入和输出过程等。

14）循环保持。在程序运行过程中，按下此按钮则运行暂停。再次按“运行开始”，则恢复运行。

15）运行开始。在自动方式下，程序开始运行；在单段方式下，执行下一句程序；在 MDA 方式下，执行 MDA 的程序。

16）主轴倍率修调。通过按动主轴“+”、“-”按钮可调节主轴倍率，其范围是0～120%。

17）进给倍率修调。调节进给速度倍率，其调节范围为 0～120%。

18）报警应答键。可以消除机床相应的报警。

19）上挡键。转换键上的两种功能。

20）空格键。在光标处键入一个空格。

21）删除键。自右向左删除字符。

22）回车/输入键。①输入一个编辑值；②打开或关闭一个文件目录；③打开文件。

23）加工操作区域键。按此键则进入机床操作区域。

24）选择转换键。一般用于单选或多选框。

25）垂直菜单键。出现此符号时，表明存在其他菜单功能；按下此键后，屏幕上显示这些菜单，并可用光标进行选择。

26）返回键。出现此符号时，表明存在上一级菜单；按下此键后，不存储数据，直接返回到上级菜单。

27）菜单扩展键。出现此符号时，表明同级菜单中还有其他功能菜单。

28）机床的用户定义键。常用的为 K2 主轴点动，K4 手动换刀，K6 切削液开关，K10、K11、K12 为主轴挡位显示。

2. 基本操作

（1）开关机

1）开机。接通机床和系统电源，系统启动并进入加工操作界面；松开“急停”按钮，按下“复位”键使报警消除。

2）关机。首先要结束加工程序，将刀退回到安全位置；按下“急停”按钮，关闭系统和电源。

（2）返回机床参考点　按一下“机床回零”键（指示灯亮），系统处于手动回参考点方式。手动返回参考点（以 X 轴回参考点为例说明）：根据 X 轴“回参考点方向”的设置，按住“+X”键（“回参考点方向”为“+”时），*X* 轴将以“回参考点快移速度”设定的速度快进；碰到参考点开关后，将以“回参考点定位速度”设定的速度进给；当反馈元件检测到基准脉冲时，*X* 轴减速停止，返回一定距离再回零，回参考点完成。用同样的操作方法，使用“+Z”键，可以使 *Z* 轴回参考点。

在加工界面按下“机床回零”键进行回零，回零时一定要按住“+X、+Z”键直到回零结束，回零后的界面如图1-30所示。

图1-30 机床回零界面

（3）急停 机床运行过程中，在危险和紧急的情况下，按下“急停”按钮，则CNC进入急停状态，伺服进给及主轴运转立刻停止（控制柜内的进给驱动电源被切断）；松开“急停”按钮（左旋此按钮，按钮将自动弹起），则进入复位状态。

（4）超程解除 在伺服轴行程的两端各有一个极限开关，用于防止伺服机构碰撞而损坏。当伺服机构碰到行程极限开关时，就会出现超程报警。当出现超程（“超程解除”按键内指示灯亮）时，系统视为紧急停止；若要退出超程状态，必须松开“急停”按钮，置工作方式为“手动”或“手摇”进给方式，并一直按着“报警应答”键（控制器会暂时忽略超程的紧急情况）；在手动（手摇）方式下，使该轴向相反方向退出超程状态；然后松开“报警应答”键，再按“复位”键使机床恢复正常，之后可以继续操作。

（5）手动机床动作控制

1）主轴正转。在手动方式下，按下“主轴正转”键，主轴电动机以机床设定的转速正转。

2）主轴反转。在手动方式下，按下“主轴反转”键，主轴电动机以机床设定的转速反转。

3）主轴停止。在手动方式下，按下“主轴停止”键，主轴电动机停止。

4）刀位转换与选择。在手动方式下，按一下“刀位转换”键，转塔刀架将转一个刀位，依次类推。

（6）手动运行

1）手动进给。

① 按一下“手动”键（指示灯亮），系统处于手动运行方式下，可手动移动机床的各进给轴。

按压“移动按钮”键（指示灯亮），*X* 轴或 *Z* 轴将产生正向或负向的连续移动。

松开“移动按钮”键（指示灯灭），*X* 轴或 *Z* 轴即减速停止。

② 快速移动。手动连续进给时，若同时按“快速按钮”键，则产生相应轴的正向或负向快速移动。

手动快速移动的速率为系统“最高快移速度”乘以快速修调选择的快移倍率。

2）手摇进给。

① 手摇进给。按一下控制面板上的“增量选择”键（指示灯亮），则系统处于手摇进给状态，可手摇进给机床进给轴。

手动顺/逆时针转动 X、Z 轴脉冲发生器一格，X、Z 轴将向正/负向移动一个增量值。

手摇进给方式可同时进给 X、Z 两个进给轴。

② 增量值选择。手摇进给的增量值（手摇脉冲发生器每转一格的移动量）由操作面板上的“增量选择”键（控制“×100”，“×10”，“×1”）决定，每按一下改变一次。

增量倍率波段开关的位置和增量值的对应关系见表 1-3。

表 1-3　增量倍率波段开关的位置和增量值的对应关系

位　置	×100	×10	×1
增量值/mm	0.1	0.01	0.001

（7）速率修调

1）进给倍率修调。在自动方式和 MDI 运行方式下，当 F 代码编程的进给速度偏高或偏低时，可利用进给倍率修调的“+”、“-”和“100%”键，修调程序中编制的进给速度 F。按一下“+”或“-”键，进给倍率递增（1%~10%）或递减（1%~10%）。在手动连续进给方式下，这些按键可用于调节手动快移速度。

2）主轴倍率修调。在自动方式或 MDA 运行方式下，当 S 代码编程的主轴速度偏高或偏低时，可利用主轴倍率修调的“+”、“-”和“100%”键，修调程序中编制的主轴速度。按一下“+”或“-”按键，进给倍率递增（1%~10%）或递减（1%~10%）。在手动方式下，这些按键可用于调节手动时的主轴速度。

（8）零件加工程序的编辑和修改

1）新建一个数控程序。在主界面按软键“程序”，在弹出的下级菜单中按“扩展键”，出现如图 1-31 所示界面。在子菜单中按软键“新程序”，弹出“新程序”对话框，如图 1-32 所示。

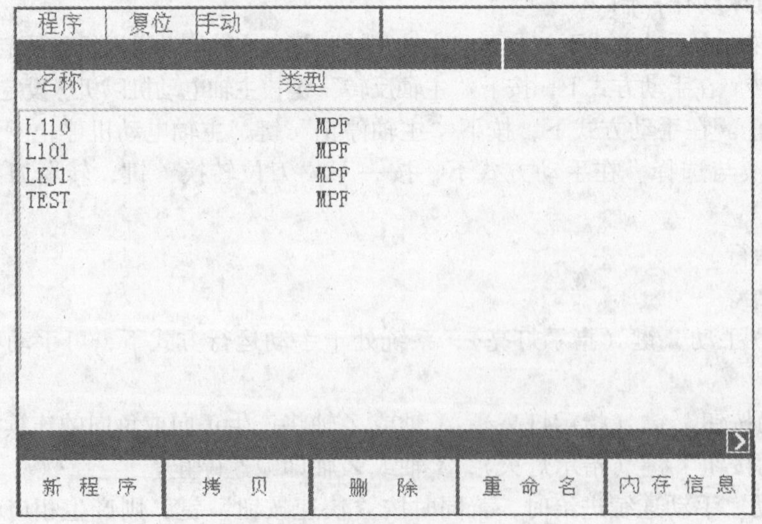

图 1-31　程序界面

图 1-32 “新程序”对话框

单击系统面板上的数字/字母键，在“请指定新程序名”栏中键入要新建的数控程序的程序名，然后按软键“确认”，将生成一个新的数控程序，并进入程序编辑界面。

2）删除一个数控程序。单击系统面板上的“方位键”，光标在数控程序名中移动，按软键“删除”，则当前光标所在的数控程序将被删除。

3）重命名一个数控程序。单击系统面板上的“方位键”，光标在数控程序名中移动，按软键“重命名”，将弹出如图 1-33 所示的“改换程序名”对话框，标题栏中显示的是当前光标所在的程序名。

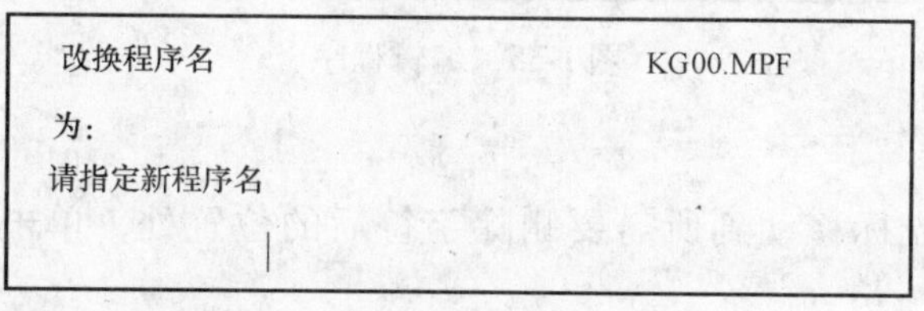

图 1-33 “改换程序名”对话框

单击系统面板上的数字/字母键，在“请指定新程序名”栏中输入新的程序名字。

4）复制一个数控程序。单击系统面板上的“方位键”，光标在数控程序名中移动，按软键“复制”，将弹出如图 1-34 所示的“复制”对话框，标题栏中显示的是当前光标所在的程序名字。

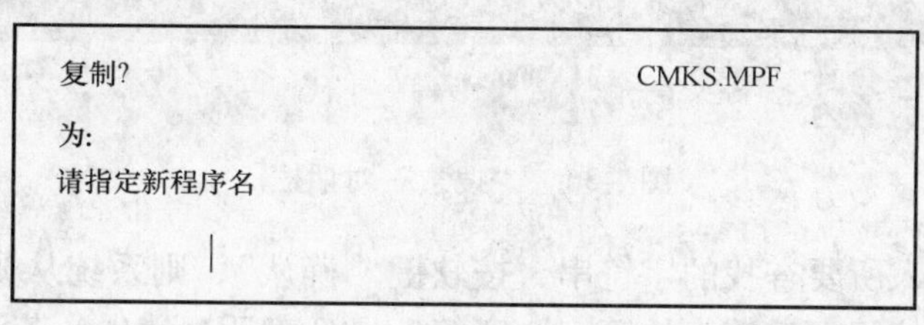

图 1-34 “复制”对话框

单击系统面板上的数字/字母键，在“请指定新程序名”栏中输入复制的目标文件名字，然后按软键“确认”。

5）编辑一个数控程序。

① 进入编辑状态。单击系统面板上的“方位键”，光标在数控程序名中移动，按软键“打开”，系统将打开当前光标所在位置的程序，并进入编辑状态，如图 1-35 所示。

② 移动光标。单击系统面板上的“方位键”，使光标移动到所需要的位置。

③ 插入字符。将光标移动到所需要插入字符后的位置处，输入所需要插入的字符，则

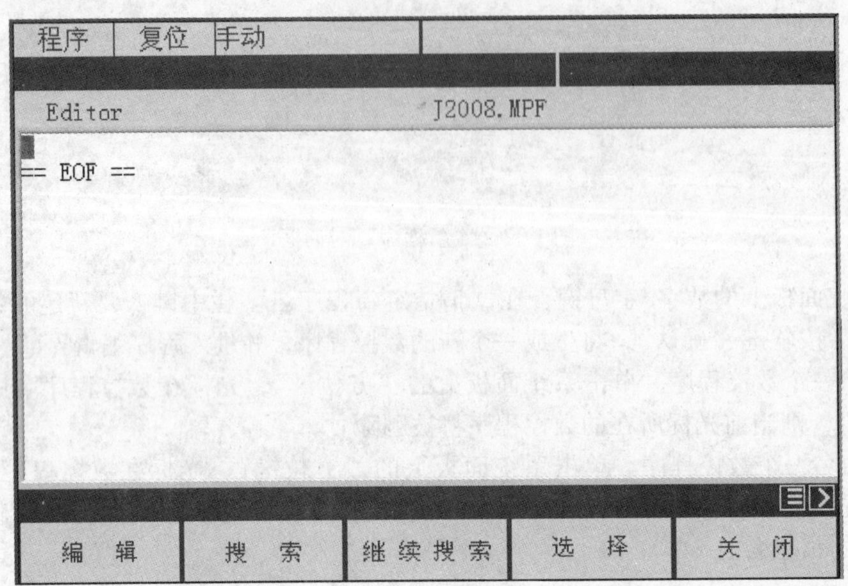

图 1-35　编辑程序

字符被插在光标前面。

④ 删除字符。将光标移动到所需要删除字符后的位置处，单击系统面板上的“方位键”，可删除字符。

⑤ 搜索。按软键“搜索”，将弹出“搜索”对话框，如图 1-36 所示。

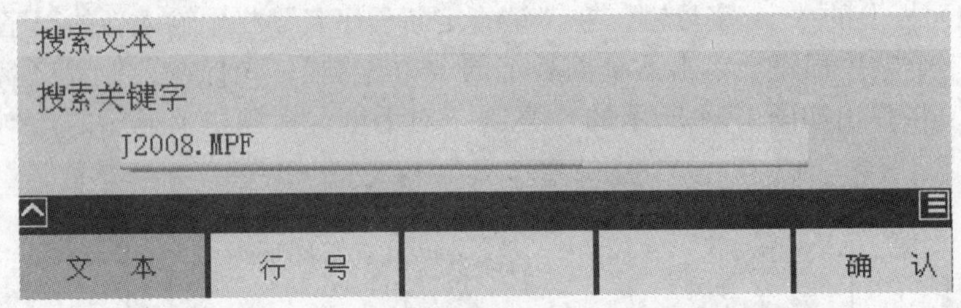

图 1-36　“搜索”对话框

单击系统面板输入所要查找的字符串，按软键“确认”，则系统从光标停留的位置开始查找。找到后，光标停留在字符串的第一个字符上，且对话框消失。若没有找到，则光标不移动，且系统弹出错误报告；按软键“确认”可以取消错误报告。

需要继续查找同一字符时，按软键“继续搜索”，则系统从光标停留的位置继续开始查找。

（9）自动加工

1）单段运行。按下“单段”键，系统处于单段自动方式（指示灯亮），程序控制将逐句执行；再按一下“循环启动”键，又执行下一句程序，执行完后又再次停止。

在单段运行方式下，适用于自动运行的按键依然有效。

2）连续加工。在程序目录下选定程序后，按下操作面板上的“自动模式”键，则机床进入自动加工状态。选择一个供自动加工的数控加工程序，再按操作面板上的“运行开始”键。

3）中断运行。在数控程序的运行过程中，可根据需要急停、停止、暂停和重新运行程序。

在数控程序的运行过程中，按“循环保持”键，则程序暂停运行，机床保持暂停运行时的状态。再次按“运行开始”键，则程序从暂停行开始继续运行。

在数控程序的运行过程中，按“复位”键，则程序停止运行、机床停止；再次按“运行开始”键，则程序从暂停行开始继续运行。

在数控程序的运行过程中，按“急停”按钮，则数控程序中断运行。继续运行时，先将“急停”按钮松开，再按“运行开始”键，则余下的数控程序从中断行开始作为一个独立的程序执行。

（10）MDA 模式　按操作面板上的“MDA 模式”键，机床进入 MDA 模式，此时 CRT 界面出现 MDA 编辑窗口。用系统面板输入指令（操作类似于数控程序处理）；输入程序后，按操作面板上的“运行开始”键。

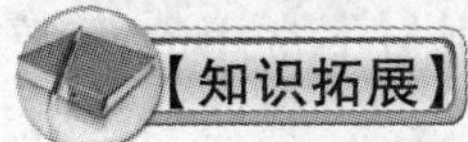

一、5S 管理的内涵

1. 5S 的概念

“5S”是指整理、整顿、清扫、清洁和素养这五个元素，因其日语单词字头都是“S”，故简称“5S”。

整理——区别要与不要的物品，现场不放非必需品。

整顿——将必需品放置整齐、明确标识，使查找时间减少为零。

清扫——保持工作地无垃圾、无灰尘，干净整洁的状态。

清洁——坚持整理、整顿、清扫的活动制度化。

素养——对规定的事，大家都要遵守和执行。培养员工遵守纪律、严守标准和富于团队精神的良好习惯。

2. 5S 的地位

在企业生产过程中，“5S”管理将车间的安全操作、设备维护、工作地管理、质量控制和物流管理等内容有机地融合，形成了一套简便易行、成效显著、标本兼治的车间生产的现场管理方法；对提高企业生产水平、经济效益和核心竞争能力，促进员工良好职业道德修养和职业技能的养成，推动企业健康发展，起到十分重要的作用；因而成为现代工业企业普遍采用和推广的重要管理方法，并逐步融入到企业文化中。

3. 5S 的意义和作用

1）是建立一个干净、整洁、舒适的工作环境。

2）是要创造一个简洁、清楚、方便、安全和高效的工作条件。

3）是要提升生产经营品质，改善企业形象，提高员工工作热情，创造更好的经济效益。

4）5S 不仅是一种方法，更是一种理念，它能够培养员工守纪律、爱清洁、讲方法、负责任的良好习惯、意识与品格。

二、5S情境的要素

1. 场地——工作地环境

（1）车间环境

墙壁——墙壁干净无污渍，上面布置工作图表、制度规定、技术规程和宣传展板等；窗框及窗台清洁，窗户玻璃明亮。

地面区域——功能区域划分合理，标示明显，且要严格执行。

通道——通道通畅、无占用，干净、安全和便利。

设备/设施——布局合理，整齐排列，外观清洁，且工况良好。

整体感觉——敞亮、整洁、规整、通风、舒畅、安静（相对）。

（2）车间“5S”管理的内容　包括机床设备、工具箱、柜、台面、工位、地面、脚踏板。

2. 整理

1）工具箱中与本岗位工作无关的物品应一律清除，并将其分出常用与不常用的两部分，不常用的清除/入库，常用的保持够用，多余的清除/入库。

2）工作地内除必要且规定配备的工具箱、脚踏板、工位器具外，其他物品一概要清除。

3）车间内应合理划定区域，设备设施有固定位置，安全通道等要明确标示，并按规定实行与管理。

上述工作内容可根据各车间/组自身的特点细化，并以制度的形式固定下来，成为日常工作的组成部分。

3. 整顿

1）工具箱中的工、量、辅具按照使用频度和重要程度合理摆放，并固定位置；使用后应及时归位，且班前班后均应目视检查。

2）工作场地内的工具箱、工位器具、脚踏板等物品需按规定位置摆放，不得随意移动。

3）待加工毛坯及合格品工件和残次品须分类置于指定的位置，不得混放。

4）工作台上除必需的夹具和工件外，不得码放量具、工具、物料等其他任何物品。

5）车间里的公共物品（如推车、卫生用具等）使用完毕后，应放回到规定位置。

以上内容要求，应根据各车间/组自身的特点进一步具体化，然后固定下来作为定置管理制度实行，并纳入管理考核中。

4. 清扫

1）注意随时整理图样和工艺文件，并保持图样和工艺文件字迹清晰、干净整洁。

2）工作时，在保证安全的情况下，应随时清理机床表面和工作台面上的切屑、铁锈、灰尘等物。

3）对于未加工的毛坯，应对其表面附着物和氧化物进行清理，再进行装夹、加工。

4）对于已加工完的工件，应去除毛刺，并擦拭干净，然后按成品和次品分别装入工位器中。

5）要及时清理工作地上的垃圾、油污和废弃物，保持工作场地的清洁。

6）每个班次工作结束，必须将工作机床设备上的表面、工作台面和工作地面清理打扫干净（无油污、无切屑、无脏物、无灰尘）后，方可下班。

7）对于车间公共场地的设施和物品等，应由值日班组/人员负责清扫。

要将上述清扫内容纳入岗位工作职责中进行检查与考核。

5. 清洁

1）将整理、整顿、清扫的工作系统化、制度化和标准化，并经车间全体师生主动、认真和自觉地保持下去。

2）通过清洁活动，创造愉悦的心境，根治脏、乱、差，彻底改善工作环境。

6. 素养

1）将整理、整顿、清扫、清洁的活动延伸到工作的其他层面，使之成为日常工作中良好的工作方法。

2）不断地追求和进取，将使守纪律、讲文明、负责任、爱清洁、有条理、讲方法的意识和行为逐渐培养成习惯，进而促进和提高个人的能力与修养。

三、实习学生的车间行为规范

1. 进车间

1）时间。提前10min进实习车间。

2）着装。穿着干净整洁的工作服、工作鞋、工作帽（女生），佩戴胸卡。

2. 行为要求

1）语言文明、礼貌，口齿清楚、音量适中，杜绝粗话和脏话。

2）保持安静，不得大声喧哗、打闹嬉笑、哼小曲和吹口哨。

3）注意个人卫生、仪表，不随地吐痰和乱扔废弃物等。

4）不做与实习无关的事情，如吃东西、看读物、玩游戏、听音乐、聊天、打手机等。非休息时不得蹲、坐或倚物站立。

3. 班前准备

1）整理、清点和检查。查岗位上配备的工、量、辅具状况和应处位置。

2）润滑、清洁。班前润滑机器设备，清洁工作环境。

3）布置。布置工作地，工、量、辅具及工位器具就位。

4）行为要求。积极、认真、主动，同学之间要相互协作，互相支持、帮助，诚恳接受班前检查，及时改进不足之处。

4. 工作初段

1）开班前会。听取指导教师布置当天工作内容及要求。

2）接受任务。图样、工艺文件、任务单等。

3）接活领料。接收上道工序转来的在制品或半成品，或者根据任务领取工件毛坯料，置于规定位置。

4）技术准备。查阅图样、看工艺，计算必要技术参数，准备相应的工、卡、量具。

5）安全操作。严格遵守安全操作规程，认真操作机器设备。

6）调试和试切削。装夹工件，调整机床，工件试切削，调整参数。

7）质量检验。除操作者在加工过程中的工件检测外，完成本班次首件工件后，必须立即报专职检验员进行首件检查，首检合格后方可开始正常工作。

8）行为要求。严守安全操作规程，保证设备和人身的安全，遵守工作纪律，认真思考、虚心学习、真正读懂图样，并进行工艺分析、提取尺寸数据，计算切削加工参数，正确操作设备，精心加工，认真检测，保证质量。对首件检验不合格的工件，应立即进行质量分析，找出原因，在最短的时间内排除质量影响因素，必要时寻求指导教师的帮助。

5. 工作过程中

1）监视。监视设备运行的状况，对出现的异常情况及时处理，以保证安全生产。

2）工件自检。对加工工件进行实时自检，及时进行相应的切削参数调整及刀具的更换，以保证工序产品质量。

3）互检、专检。同时进行相同岗位之间互检与质检员专检。

4）工、量具使用。工、量具应正确使用，并按规定位置码放。

5）工件放置与处理。已加工工件的处理与码放：擦拭、去除毛刺，并且避免碰伤、划伤，整齐码放在工位器中。

6）工作地清理。及时清理切屑、油污，实时维护工作场地清洁。

7）行为要求。严守安全操作规程，以保证设备、人身安全。

8）遵守劳动纪律。工作姿态：不做与工作无关的事情（听、看、聊、闹、吃、喝）。

严守工作岗位，认真完成工作，不串岗和不脱岗，正当理由离开岗位需得到指导教师的允许。一般情况下，在休息时间去洗手间。

9）工间休息。自动按时开始和结束工间休息。根据规定，在休息时停机。

6. 工作末段（结束前）

1）结束前的准备。距离实习结束前20min，开始整顿清理、交接等工作。

2）工件处理。工件码放、清点、报检/填单，转至半成品中间库，返还未加工的毛坯料。

3）清理工作地。收拾工、卡、量具并归位，归还借用的工具和量具，擦拭机床设备，清除切屑和清扫工作场地。

4）准备交接班。填写相关设备使用情况、本班次工作情况，以及下一班注意的问题等内容的交接班记录。

5）行为要求。保持严谨认真负责的工作态度，做好工件报检和入库工作；按照5S管理要求和标准进行整理、整顿、清扫，以达到清洁的目的。认真完成交接班工作；虚心接受下班前的工作情况检查，并立刻整改，绝不拖到下一班去。

7. 离开车间

1）检查物品是否收好、放置位置是否正确、机床电源是否关闭、工作箱柜是否上锁，避免遗忘。

2）关灯、拉闸，关/锁大门，确保学校的财产安全。

【教学评价】(表1-4、表1-5、表1-6)

表1-4 学生自评表

班 级			姓 名	
项目名称			组 别	
考核项目	考核内容		满 分	得 分
社会能力	尊敬师长、尊重同学		10	
	相互协作		10	
	主动帮助他人		10	
方法能力	出勤	迟到	3	
		早退	3	
		旷课	4	
	能独立思考、解决问题		10	
专业能力	安全规范意识		20	
	5S遵守情况		10	
	实操能力		20	
合 计			100	
自我评价				

表1-5 小组成员互评表

被评价学生		承担任务	
考核项目	考核内容	满 分	得 分
社会能力	尊敬师长	5	
	尊重同学	5	
	团队协作	10	
	主动帮助他人	10	
	学习态度认真	10	
	能独立思考、解决问题	10	
专业能力	所承担的工作量	20	
	理论及实操能力	20	
	5S遵守情况	10	
	合 计	100	
评 语			
评价人		学 号	

表 1-6 教师评价表

班级		姓名		
项目名称		组别		
评分内容		分值	得分	备注
资讯	起始情况评价	5		
	收集信息评价	5		
计划	工作计划情况	10		
决策	解决问题情况	10		
实施	刀具正确选用及安装	10		
	实际操作	20		
检查	自检能力	10		
	上交文件齐全、正确	10		
	工作效率及文明施工	10		
评价	学生自我评价	5		
	同组学生的评价	5		
总分		100		
评价教师		评语		

【学后感言】

【思考与练习】

1. 哪些零件适合用数控车床加工？
2. 数控车床是如何分类的？
3. 数控车床通常由哪几个部分组成？
4. 简述数控车床的安全操作规程。
5. 数控车床加工中如果出现意外，如何处理？
6. 数控车床在什么情况下需要回参考点？
7. 怎样做好数控车床的日常维护？

项目 2

数控车削加工的一般过程

本项目通过介绍在数控车床上加工一个零件的全过程，使学生了解数控车削加工的整个流程。

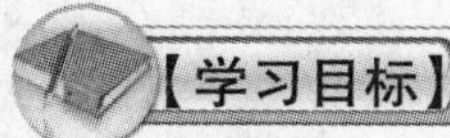

【学习目标】

知识目标

1. 熟练掌握数控车床的操作。
2. 掌握数控车床常用刀具的使用方法，以及在数控车床上安装刀具的方法和步骤。
3. 掌握数控车床的对刀操作方法。
4. 理解数控车床的一般加工过程及安全注意事项。
5. 了解数控车削加工的整个流程。

技能目标

1. 通过数控车床的对刀操作，学会数控车床的常用对刀方法。
2. 通过阅读子弹模型的程序，能理解应用编程指令编制数控车削加工程序的方法。
3. 通过子弹模型的加工，能理解在数控车床上加工零件的流程。
4. 通过修正子弹模型的加工误差，学会如何修正工件的对刀误差。

【工作任务】

任务 1　数控车床的对刀操作

任务 2　简单轴类零件的加工

任务 1　数控车床的对刀操作

本任务以经济型数控车床为例，讲解数控车床的对刀操作。

【知识准备】

用数控车床进行外圆加工时，刀具的安装方法：

1）车刀安装的次序应遵循尽量减少换刀次数的原则。

2）车刀安装的刀号位置应与程序中的刀号一致。

3）车刀伸出的长度为 1.5 ~2 倍刀体的厚度。

4）车刀刀尖的高度应与车床主轴的中心等高。

5）车刀垫片的数量一般不可超过三片（一般不需要加垫片调整高度）。

6）93°车刀的主切削刃与主轴轴线的夹角应大于90°。

7）切槽、切断刀的主切削刃应平行于主轴轴线。

8）螺纹车刀的刀头中分线应垂直于主轴的轴线。

9）卡紧螺钉应两到三个（最好三个）。

【任务实施】

教学组织实施建议：采取分组实训的形式，通过任务驱动法、讲授法、演示法等组织教学。

华中“世纪星”、FANUC 0i和西门子是三种常用的数控车削系统，笔者通过实践探索，结合实践教学、技能考证培训与加工实践的经验，将数控车刀对刀的基本操作流程总结如下。

一、华中HNC-21T系统

1）系统必须首先回参考点。

2）调用第一把加工刀具。

3）起动车床的主轴。

4）刀具快速趋近工件，注意刀具不要碰到工件。

5）*Z*向对刀：在手动或手轮进给方式下，切削工件端面，直至端面平整为止（注意此时一定不要移动*Z*轴）。然后按下“刀具补偿”键，切换到刀具补偿画面，再按下“刀偏表”键并确认刀号，在“试切长度”栏输入0。

6）*X*向对刀：在手动或手轮进给方式下，切削工件外圆表面，刀具沿着*Z*向退出（注意此时一定不要移动*X*轴），主轴停止转动。测量工件的直径，记录下零件的直径值。然后按下“刀具补偿”键，切换到刀具补偿画面，再按下“刀偏表”键并确认刀号，在“试切直径”栏输入工件的直径值。

7）移动刀具快速远离工件，直至安全位置。第一把刀具对刀过程结束。

8）调用第二把切削刀具。

9）起动主轴。

10）刀具快速接近工件，注意刀具不要碰到工件。

11）*Z*向对刀：在手动或手轮进给方式下，轻轻接触已平整的工件端面，注意不可切削工件端面。如若切削了工件端面，则第一把刀的*Z*向需重新对刀。注意此时不要移动*Z*轴。按下“刀具补偿”键，切换到刀具补偿画面，再按下“刀偏表”键并确认刀号，在“试切长度”栏输入0。

12）*X*向对刀：在手动或手轮进给方式下，轻碰已试切削的工件外圆，如果余量允许，可以切削工件外圆。刀具沿着*Z*向退出，注意此时不要移动*X*轴。停止主轴转动，对工件外圆进行测量，记下直径值。然后按下“刀具补偿”键，切换到刀具补偿画面，再按下“刀偏表”键并确认刀号，在“试切直径”栏输入直径值。

13）移动刀具远离工件，直至安全位置。第二把刀具对刀结束。

第三、四把刀具的对刀过程与第二把刀具相同，此处不再赘述。

二、FANUC 0i Mate-TC 系统

1）系统必须首先回参考点。

2）调用第一把加工刀具。

3）起动车床主轴。

4）刀具快速趋近工件，注意刀具不要碰到工件。

5）*Z* 向对刀：在手动或手轮进给方式下，切削工件端面，直至端面平整为止（注意此时一定不要移动 *Z* 轴）。然后按下“MENU OFFSET”键，切换到“GEOMETRY”画面，确认刀号并输入“Z0”，再按软键“测量”。

6）*X* 向对刀：在手动或手轮进给方式下，切削工件外圆表面，刀具沿着 *Z* 向退出（注意此时一定不要移动 *X* 轴）。然后停止主轴转动，对工件外圆直径进行测量，记下直径值 D0。接着按下“MENU OFFSET”键，切换到“GEOMETRY”画面，确认刀号并输入“X D0”，再按软键“测量”。

7）快速移动刀具远离工件，直至安全位置。第一把刀具对刀结束。

8）调用第二把加工刀具。

9）起动车床主轴。

10）刀具快速接近工件，注意刀具不要碰到工件。

11）*Z* 向对刀：在手动或手轮进给方式下，轻轻接触已平整的工件端面，注意不可切削工件端面，如若切削了工件端面，则第一把刀的 *Z* 向需重新对刀。此时不要移动 *Z* 轴。然后按下“MENU OFFSET”键，切换到“GEOMETRY”画面，确认刀号并输入“Z0”，再按软键“测量”。

12）*X* 向对刀：在手动或手轮进给方式下，轻轻接触已试切削的工件外圆。如果余量允许，可以再次切削工件外圆。刀具沿着 *Z* 向退出，注意此时一定不要移动 *X* 轴。然后停止主轴转动，进行外圆直径测量工作，记下测量值 D1。接着按“MENU OFFSET”键，切换到“GEOMETRY”画面，确认刀号并输入“X D1”，再按软键“测量”。

13）快速移动刀具远离工件，直至安全位置。第二把刀具对刀结束。

第三、四把刀具的对刀过程与第二把刀具相同。

三、SINUMERIK 802S/C 系统

1）系统必须首先回参考点。

2）调用第一把加工刀具。

3）起动车床主轴。

4）刀具快速接近工件，注意刀具不要碰到工件。

5）*Z* 向对刀：在手动或手轮进给方式下，切削工件端面，直至端面平整为止（注意此时不要移动 *Z* 轴）。按“参数”软键→按“刀具补偿”软键→选择刀具号和刀沿号→按“对刀”软键→按“轴＋”软键→在零偏数据框内输入 0→按“计算”软键→确认。

6）*X* 向对刀：在手动或手轮进给方式下，切削工件外圆，刀具沿着 *Z* 向退出（注意此时不要移动 *X* 轴）。停止主轴转动，对工件进行直径测量，记下直径值。按“参数”软键→按“刀具补偿”软键→选择刀具号和刀沿号→按“对刀”软键→按“轴＋”软键→在零偏

数据框内输入“直径值”→按“计算”软键→确认。

7）移动刀具远离工件，直至安全位置。第一把刀具对刀结束。

8）调用第二把刀具。

9）起动主轴。

10）刀具快速接近工件，注意不要碰到工件。

11）*Z* 向对刀：在手动或手轮进给方式下，轻碰已平整的工件端面，注意不要切削工件端面，如切削了工件端面，则第一把刀的 *Z* 向需重新对刀。注意此时不要移动 Z 轴。按“参数”软键→按“刀具补偿”软键→选择刀具号和刀沿号→按“对刀”软键→按“轴 +”软键→在零偏数据框内输入 0→按“计算”软键→确认。

12）*X* 向对刀：在手动或手轮进给方式下，轻碰已试切的工件外圆，如果余量允许，可以切削工件外圆。然后停止主轴转动，测量外圆直径值。按“参数”软键→按“刀具补偿”软键→选择刀具号和刀沿号→按“对刀”软键→按“轴 +”软键→在零偏数据框内输入“直径值”→按“计算”软键→确认。

13）移动刀具远离工件，直至安全位置。第二把刀具对刀结束。

第三、四把刀具的对刀过程与第二把刀具相同。

任务 2　简单轴类零件的加工

本任务以使用数控车床加工子弹模型为例，讲解在数控车床上加工零件的操作过程。

图样如图 2-1 所示，该零件为学生首次数控车工实训的加工对象，为安全起见，选择铝合金材料，让学生了解一个零件从图样到成品的整个过程。

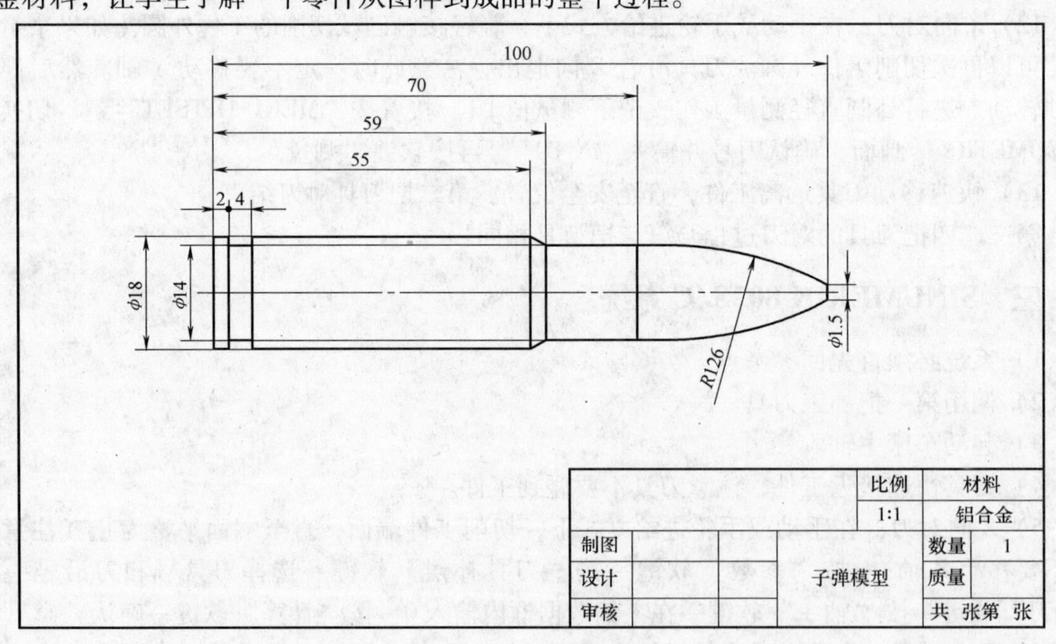

a)

图 2-1　子弹模型零件图样

a）零件图

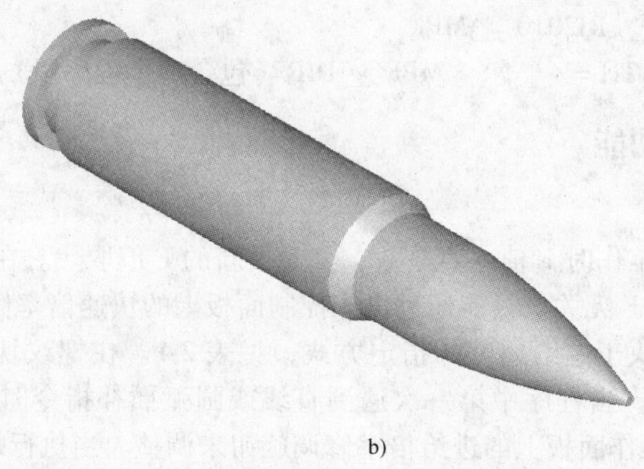

b)

图2-1　子弹模型零件图样（续）
b）立体图

【知识准备】

一、程序结构

零件的加工程序由若干个程序段组成。一个零件程序是按程序段的输入顺序执行的，而不是按程序段的顺序号执行的。程序段顺序号以字母N开头，建议以5或10为间隔。

加工程序分为主程序和子程序，每个主程序和子程序各有自己的程序号。

1. FANUC 0i Mate-TC 系统

零件程序号以字母O开头，其后有四位数字，四位数字可以是0000～9999。例如O2010（注意开头的是字母O）。

注释符：括号“（）”内或分号“;”和斜线“/”后的内容为注释文字。

2. 华中 HNC-21T 系统

程序起始符为“%”，其后一般跟程序号，如%2010。零件程序号的范围为%1～%4294967295。

程序的文件名：其格式为OXXXX，地址O后面必须有四位数字或字母。华中数控系统通过调用文件名来调用程序，进行加工或编辑。

注释符：括号内“（）”或分号“;”后的内容为注释文字。

3. SINUMERIK 802S/C 系统

程序名以任意字母开头。开始的两个符号必须是字母，其后的符号可以是字母、数字或下划线，不得使用分隔符。最多为8个字符。

例如：BJ2010. MPF（主程序名，后缀“. MPF”可以省略）；

TESK1. SPF（子程序名，后缀“. SPF”不可以省略）。

该系统的一个字可以包含多个字母，这时数值与字母之间要用“=”隔开。例如：CR=5。

注释：通过加注释的方法对一个程序段中的指令进行说明，注释以分号“;”字符开始，和程序段一起结束，位于程序段最后。

程序传输格式：%＿N＿BJ2010＿MPF

；$ PATH =/＿N＿MPF＿DIR（包含两个程序段）

二、F、T和S功能

1. 进给功能字F

F为模态指令，在工作时F值一直有效，直到被新的F值取代。在快速定位时（如G00方式下）的速度与编程F无关，只能通过机床控制面板上的快速倍率修调旋钮来调整。

F后数字的单位取决于进给速度的指定方式，见表2-1。在螺纹切削程序段中，F指令常用来指令螺纹的导程。当程序中第一次遇到直线或圆弧插补指令时，必须编写F值，其实际值可以通过CNC操作面板上的进给倍率修调旋钮来调整。当执行螺纹加工时，“进给倍率”开关无效，进给倍率固定在100%。

F功能可以分为每分钟进给 v_f（mm/min）和主轴每转进给 f（mm/r）两种。对于数控车床而言，F功能常使用主轴每转进给 f 表示。

表2-1　进给功能字F

数控系统	每分钟进给 v_f/(mm/min)	主轴每转进给 f/(mm/r)	通电后系统默认
FANUC 0i Mate-TC系统	G98	G99	G99状态
HNC-21T系统	G94	G95	G94状态
SINUMERIK 802S/C系统	G94	G95	G95状态

2. 主轴转速功能字S

主轴转速功能字的地址符是S，又称为S功能或S指令，用于指定主轴转速或速度，为模态指令。S所编程的主轴转速可以借助于机床控制面板上的主轴倍率开关进行修调。S指令的单位有m/min和r/min两种，见表2-2。

表2-2　主轴转速功能字S

数控系统	恒线速度控制指令 v_c/(m/min)	主轴转速控制指令 n/(r/min)	通电后系统默认
FANUC 0i Mate-TC系统	G96	G97	G97状态
HNC-21T系统	G96	G97	G97状态
SINUMERIK 802S/C系统	G96	G97	G97状态

3. 刀具功能字T

刀具功能字的地址符是T，又称为T功能或T指令，用于指定加工时所用刀具的编号，为模态指令。对于数控车床而言，还具有换刀功能。

当一个程序段同时包含T代码与刀具移动指令时，先执行T代码，而后执行刀具移动指令。

（1）FANUC 0i Mate-TC系统/HNC-21T系统　T功能由T和其后的4位数字组成，前两位数字选择刀具号，后两位数字还兼作指定刀具长度补偿和刀尖圆弧半径补偿用，当后两位数字置于00时表示取消刀具补偿。例如：

T0101——前两位数字用于选用1号刀具，后两位数字用于指令1号刀具补偿。

T0100——表示取消1号刀具的刀具补偿。

（2）SINUMERIK 802S/C系统　T功能采用“T、D”指令编程，利用T功能可以选择刀具，D功能可以选择相关的刀具补偿值。在定义这两个参数时，其编程的顺序为T、D。T、D可写在一起，也可以单独编写。当D后面的数字为0时，表示取消刀具补偿。如果T后没有D号，则D1值自动生效。例如：

T1D1——T1用于指令1号刀具，D1用于指令1号刀具补偿。

T1D0——表示取消1号刀具的刀具补偿。

T2——指令2号刀具，1号刀具补偿（D1自动生效）。

三、圆弧插补指令

1. FANUC 0i Mate-TC系统/HNC-21T系统

格式：$\left\{\begin{matrix}G02\\G03\end{matrix}\right\}$X(U)＿Z(W)＿$\left\{\begin{matrix}I_\ K_\\R\end{matrix}\right\}$F＿；

说明：G02/G03——顺/逆时针方向圆弧插补；

X、Z——表示圆弧终点的坐标值；

U、W——FANUC 0i Mate-TC系统表示圆弧终点相对于圆弧起点的坐标增量值；

I、K——指定圆心位置，其值为从圆弧起点到圆弧中心的坐标增量，带正、负符号。其值为零时，可以省略。I为*X*轴分量（半径值），K为*Z*轴分量，如图2-2所示。

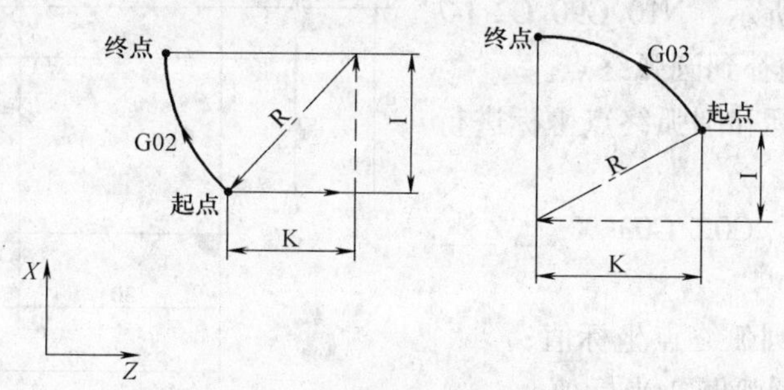

图2-2　G02/G03指令中的I和K

R——圆弧半径。圆心角小于或等于180°时，R为正；圆心角大于180°时，R为负。如果用R指定中心角接近180°的一段圆弧，中心坐标的计算会产生误差，在这种情况下，可以用I和K指定圆弧中心。

F——圆弧插补中的进给速度，并且沿圆弧的进给速度（圆弧的切线进给速度）被控制为指定的进给速度。

2. SINUMERIK 802S/C系统

（1）通过圆弧终点和半径尺寸进行圆弧插补

格式：G90/G91　G02/G03　X＿Z＿CR=＿F＿；

说明：程序段中各地址的意义同FANUC0i：Mate-TC系统。

（2）通过圆弧终点和张角尺寸进行圆弧插补

格式：G90/G91　G02/G03　X＿Z＿AR=＿F＿；

说明：X、Z——圆弧终点坐标值；

AR——张角尺寸。

举例：如图 2-3 所示，N10 G2 X40 Z50 AR = 105；圆弧插补到圆弧终点。

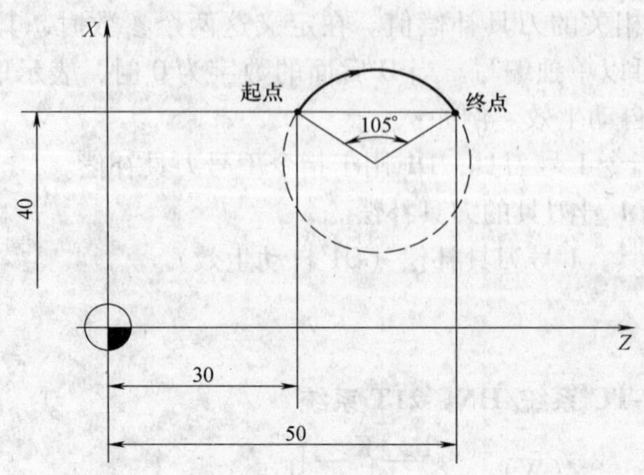

图 2-3　圆弧终点和张角尺寸

（3）通过圆心坐标和张角尺寸进行圆弧插补

格式：G90/G91　G02/G03　I __ K __ AR = __；

说明：I、K——圆弧圆心坐标值；

AR——张角尺寸。

举例：如图 2-4 所示，N10 G90 G2 I-7 K10 AR = 105；圆弧插补到圆弧终点。

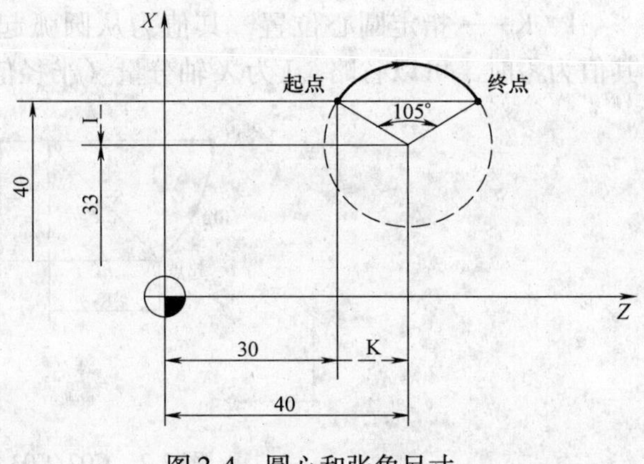

图 2-4　圆心和张角尺寸

（4）通过圆心坐标和圆弧终点坐标进行圆弧插补

格式：G90/G91　G02/G03 X __ Z __ I __ K __；

说明：X、Z——圆弧终点坐标值；

I、K——圆弧圆心坐标值。

举例：如图 2-5 所示，N10 G90 G2 X40 Z50 I-7 K10；圆弧插补到圆弧终点。

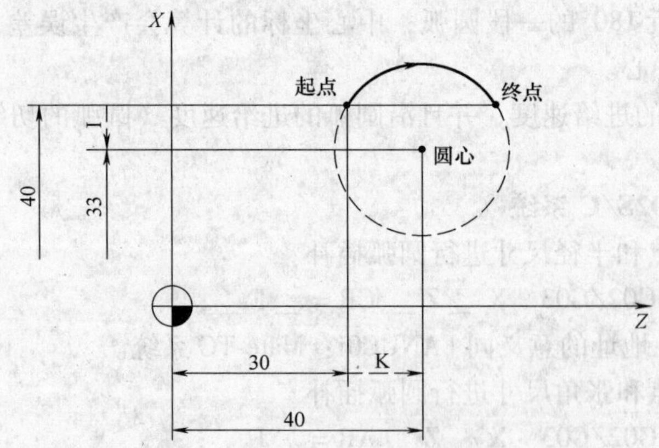

图 2-5　通过圆心坐标和终点坐标进行圆弧插补

（5）G5 通过中间点进行圆弧插补

格式：G90/G91 G5 X__ Z__ IX__ KZ__；

说明：X、Z——圆弧终点坐标值；

IX、KZ——中间点坐标值。

此指令为模态指令，圆弧的方向由中间点的位置确定，中间点位于起始点和终点之间。

举例：如图 2-6 所示，N10 G90 G5 X40 Z50 IX＝45 KZ＝40；圆弧插补到圆弧终点。

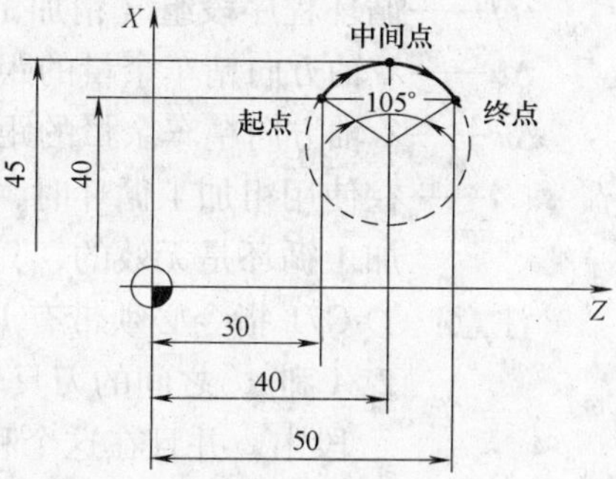

图 2-6　通过中间点进行圆弧插补

四、车削复合循环指令

1. FANUC 0i Mate-TC 系统

（1）内外径粗车循环指令 G71　内外径粗车循环是一种复合固定循环，适用于内外圆需多次进给才能完成的粗加工，刀具循环路径如图 2-7 所示。

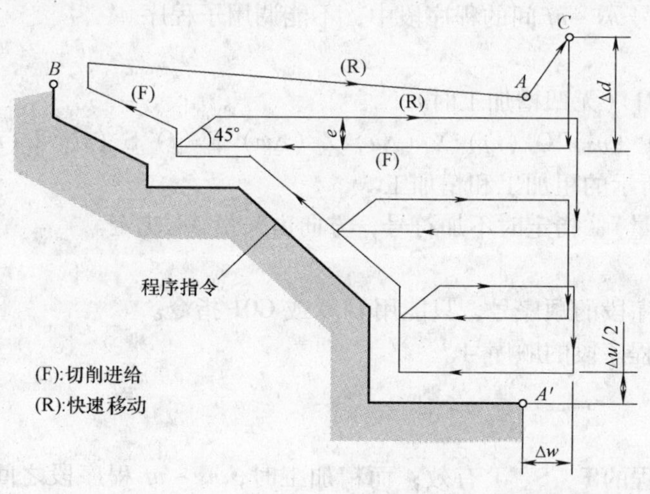

A — 循环起点；
A′— 精加工路线起点；
B — 精加工路线终点。

在程序 ns ～ nf 中给出 A′→B 之间的精加工轮廓形状，用Δd 表示在指定的区域中每次进给的背吃刀量，留出Δu 和Δw 精加工余量

图 2-7　G71 刀具循环路径

格式：G71 U（Δ*d*）R（*e*）；

G71 P（*ns*）Q（*nf*）U（Δ*u*）W（Δ*w*）F（*f*）S（*s*）T（*t*）

N（*ns*）……
……
F____
S____
T____
N（*nf*）……

A→A′→B 精加工形状的移动指令，由顺序号 *ns*～*nf* 间的程序段指令。

说明：

Δ*d*——每次背吃刀量。无正负号，半径指定，切入方向由 *AA′*方向决定。该指定是模态的，一直到下个指定以前均有效；

e——退刀量。是模态值，在下次指定前均有效；

ns——循环程序段组（精加工形状）的第一个程序段顺序号，只能用 G00 或 G01 指令；

nf——循环程序段组（精加工形状）的最后一个程序段顺序号；

Δ*u*——*X* 轴方向精车余量的距离和方向（直径指定）；粗车内孔轮廓时，Δ*u* 为负值。

Δ*w*——*Z* 轴方向精车余量的距离和方向；

f、*s*、*t*——在使用粗加工循环时，包含在顺序号 *ns*～*nf* 之间程序段中的 F、S、T 功能对粗加工循环是无效的，只有在 G71 以前或含在 G71 程序段中的 F、S、T 指令有效。

注意：① G71 指令必须带有 P、Q 地址 *ns*、*nf*，且与精加工路径起、止顺序号对应。

② *A* 和 *A'* 之间的刀具轨迹是包含在 G00 或 G01 且程序段顺序号为“*ns*”的程序段中，并且在这个程序段中不能指定 *Z* 轴的运动。

（2）精车固定循环指令 G70　由 G71 进行粗切削循环完成后，可用 G70 指令进行精加工。

格式：G70　P（*ns*）Q（*nf*）

注意：① 在含 G71 的程序段中指令的地址 F、S、T 对 G70 的程序段无效。而在顺序号 *ns*～*nf* 之间指令的地址 F、S、T 对 G70 的程序段有效。

② G70 车削循环期间，刀尖半径补偿功能有效。

③ G70 被使用的顺序号 *ns*～*nf* 间的程序段中，不能调用子程序。

2. HNC-21T 系统

（1）内外径粗车复合循环 G71（无凹槽加工时）

格式：G71 U（Δ*d*）R（*r*）P（*ns*）Q（*nf*）X（Δ*u*）Z（Δ*w*）F（*f*）S（*s*）T（*t*）

说明：该指令执行如图 2-7 所示的粗加工和精加工。

Δ*d*——背吃刀量（每次切削量），指定时不加符号，方向由矢量 *AA'* 决定。

r——每次退刀量。

ns——精加工路径第一个程序段的顺序号，只能用 G00 或 G01 指令。

nf——精加工路径最后一个程序段的顺序号。

Δ*u*——*X* 向精加工余量。

Δ*w*——*Z* 向精加工余量。

f、*s*、*t*——粗加工时，G71 中编程的 F、S、T 有效；而精加工时，*ns*～*nf* 程序段之间的 F、S、T 有效。

在 G71 切削条件下，切削进给方向平行于 *Z* 轴，X（Δ*u*）和 Z（Δ*w*）的符号如图 2-8 所示。其中（+）表示沿轴正方向移动，（−）表示沿轴负方向移动。

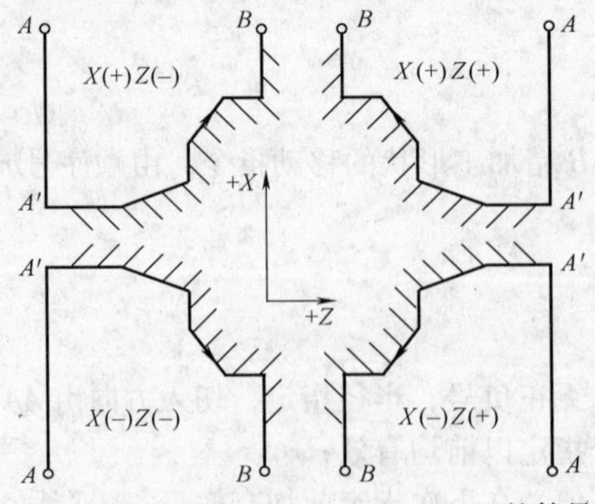

图 2-8　G71 中 X（Δ*u*）和 Z（Δ*w*）的符号

（2）内外径粗车复合循环 G71（有凹槽加工时）

格式：G71 U（Δd）R（r）P（ns）Q（nf）E（e）F（f）S（s）T（t）

说明：该指令执行如图 2-9 所示的粗加工和精加工。

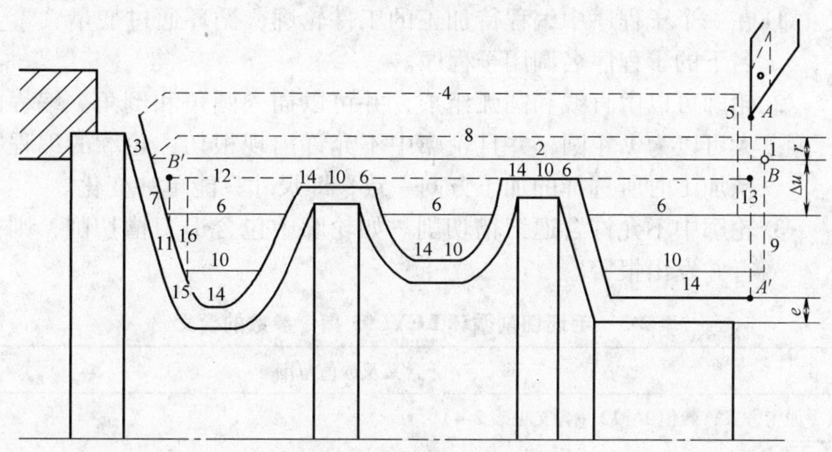

图 2-9　有凹槽加工时的 G71

e——精加工余量，其值为 X 方向的等高距离；外径切削时为正，内径切削时为负。

其余同“无凹槽加工时”的 G71 含义。

注意：① G71 指令必须带有 P、Q 地址 ns、nf，且与精加工路径起、止顺序号对应。

② 在顺序号为 $ns \sim nf$ 的程序段中，不应包含子程序。

3. SINUMERIK 802S/802C 系统

毛坯切削循环 LCYC95 指令可以在坐标轴平行方向加工由子程序编程的轮廓，它既可以进行纵向和横向加工，也可以进行内外轮廓的加工；还可以选择不同的切削工艺方式：粗加工、精加工和综合加工。只要刀具不与工件发生碰撞，就可以在任意位置调用此循环。在纵向加工时，进给总是沿横向坐标轴方向进行；在横向加工时，进给则沿纵向坐标轴方向。LCYC95 毛坯切削循环的刀具路径如图 2-10 所示，LCYC95 指令参数的含义见表 2-3。

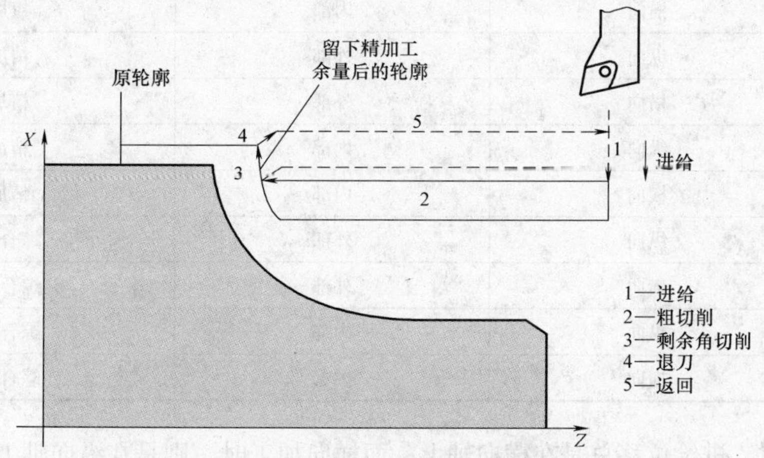

图 2-10　LCYC95 毛坯切削循环的刀具路径

执行循环必须要有两个程序：具有循环调用的程序和轮廓子程序。

前提条件：① 直径编程 G23 指令必须有效。

② 程序嵌套时，最多可以从三级程序界面中调用此循环（两级嵌套）。

轮廓定义：① 在一个子程序中编程待加工的工件轮廓，循环通过变量“____ CNAME”名下的子程序名调用子程序。

② 轮廓可以由直线和圆弧组成，并可以插入圆角和倒角。编程的圆弧段最大可以为 1/4 圆，并且轮廓中不允许出现根切；轮廓的编程方向必须与精加工时所选择的加工方向一致，即尺寸只能单一变化。

③ 轮廓中不允许含退刀槽切削。如轮廓中包含退刀槽切削，则循环停止运行并发出报警。

表 2-3 毛坯切削循环 LCYC95 指令参数的含义

参　数	含义及数值范围
R105	加工方式，数值 1 ~ 12（含义见表 2-4）
R106	精加工余量（半径值），无符号。如果没有编程精加工余量，则一直进行粗加工，直至最终轮廓
R108	粗加工单边最大背吃刀量，无符号
R109	粗加工进给切入角。当进行端面加工时，该值必须设为 0
R110	粗加工单边的退刀量
R111	粗加工进给速度。加工方式为精加工时，该参数无效
R112	精加工进给速度。加工方式为粗加工时，该参数无效

表 2-4 LCYC95 指令中参数 R105 的说明

数　值	纵向/横向	外部/内部	粗加工/精加工/综合加工
1	纵向	外部	粗加工
2	横向	外部	粗加工
3	纵向	内部	粗加工
4	横向	内部	粗加工
5	纵向	外部	精加工
6	横向	外部	精加工
7	纵向	内部	精加工
8	横向	内部	精加工
9	纵向	外部	综合加工
10	横向	外部	综合加工
11	纵向	内部	综合加工
12	横向	内部	综合加工

纵向加工时，进给位移总是在横向轴上；而横向加工时，则是在纵向轴上。外部加工是指沿负轴的方向进给；内部加工时，进给位移沿正轴方向进行。

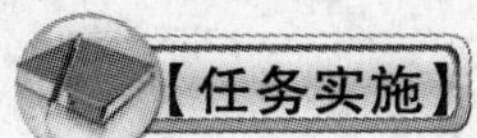

教学组织实施建议：采取分组实训形式，通过任务驱动法、讲授法、演示法等组织教学。

一、零件加工分析

零件由 ϕ18mm、ϕ14mm 外圆柱面、R126mm 外圆弧及 ϕ14mm×4mm 的槽组成，重要表面为外圆表面。材料为铝合金，毛坯为 ϕ20mm 圆棒料，材料易于加工，选择合理的切削参数及刀具可以获得良好的切削效果。

二、确定装夹方案

选用三爪自定心卡盘装夹，外伸 110mm，无需安装顶尖。

三、确定加工方案

1）装夹工件，外伸 110mm，车端面，见平即可，如图 2-11 所示。

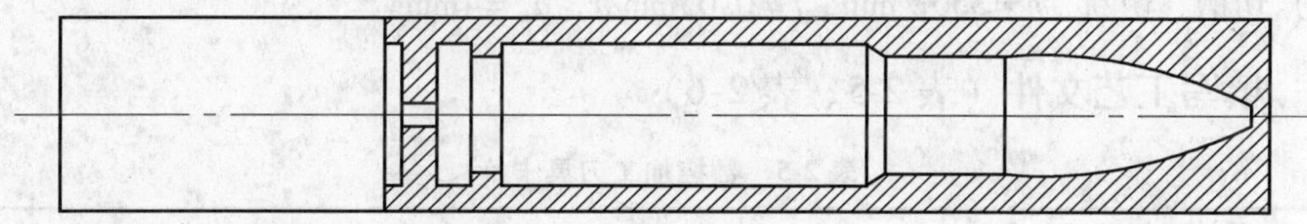

图 2-11 子弹模型工序简图

2）粗、精加工外轮廓面至图样尺寸。

3）切 ϕ14mm×4mm 槽。

4）切断，保证长度为 100.5～101.5mm。

5）调头，装夹 ϕ18mm 外圆柱面，外伸 10mm，车端面至总长为 100mm。

四、选择刀具和切削用量

1. 确定刀具

（1）93°外圆车刀 刀尖角 55°，见图 2-12。

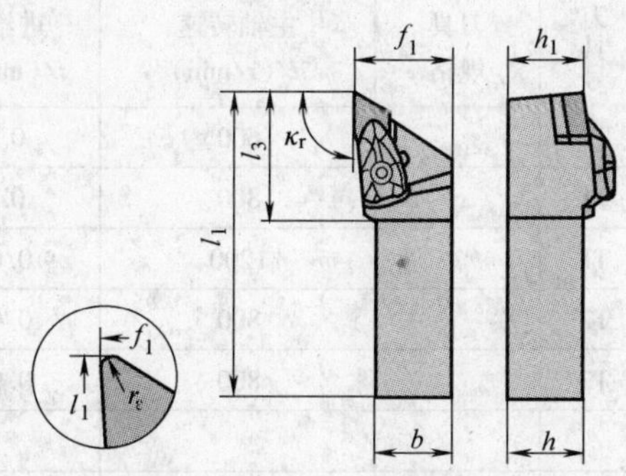

图 2-12 93°外圆车刀

（2）切槽刀　刀宽4mm，见图2-13。

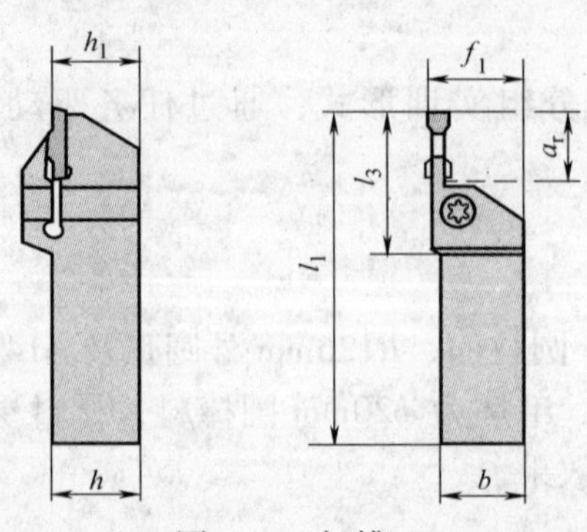

图2-13　切槽刀

2. 确定切削用量

（1）外圆柱面、外圆弧面

粗加工：$n=800\text{r/min}$，$f=0.2\text{mm/r}$，$a_p=2\text{mm}$；

精加工：$n=1200\text{r/min}$，$f=0.08\text{mm/r}$，$a_p=0.5\text{mm}$。

（2）切槽、切断　$n=550\text{r/min}$，$f=0.05\text{mm/r}$，$a_p=4\text{mm}$。

五、填写工艺文件（表2-5、表2-6）

表2-5　数控加工刀具卡片

序　号	刀具名称	刀具参数	被加工表面
1	93°外圆车刀	刀尖角55°	零件的外圆柱面、外圆弧面
2	切槽刀	刀宽4mm $a_r>11\text{mm}$	零件宽4mm的直槽、切断

表2-6　数控加工工序卡片

<table>
<tr><td colspan="3" rowspan="2">数控加工工序卡片</td><td colspan="2">工序号</td><td colspan="4">工序内容</td></tr>
<tr><td colspan="2"></td><td colspan="4"></td></tr>
<tr><td colspan="3" rowspan="2">北京电子科技职业学院
机械工程学院</td><td colspan="2">零件名称</td><td>材　料</td><td colspan="2">夹具名称</td><td>使用设备</td></tr>
<tr><td colspan="2">子弹模型</td><td>铝合金</td><td colspan="2">三爪自定心卡盘</td><td>数控车床</td></tr>
<tr><td>工步号</td><td>程序号</td><td>工步内容</td><td>刀具号</td><td>刀具规格</td><td>主轴转速
n/(r/min)</td><td>进给量
f/(mm/r)</td><td>背吃刀量
a_p/mm</td><td>备　注</td></tr>
<tr><td>1</td><td rowspan="7">O0001</td><td>车端面</td><td>T1</td><td></td><td>600</td><td>0.1</td><td>0.2</td><td></td></tr>
<tr><td>2</td><td>粗车外圆</td><td>T1</td><td></td><td>800</td><td>0.2</td><td>2</td><td></td></tr>
<tr><td>3</td><td>精车外圆</td><td>T1</td><td></td><td>1200</td><td>0.08</td><td>0.5</td><td></td></tr>
<tr><td>4</td><td>切槽</td><td>T2</td><td></td><td>800</td><td>0.05</td><td>4</td><td></td></tr>
<tr><td>5</td><td>切断</td><td>T2</td><td></td><td>800</td><td>0.05</td><td>4</td><td></td></tr>
<tr><td>6</td><td>调头，找正</td><td></td><td></td><td></td><td></td><td></td><td></td></tr>
<tr><td>7</td><td>车端面</td><td>T1</td><td></td><td>600</td><td>0.1</td><td>0.2</td><td></td></tr>
<tr><td colspan="2">编　制</td><td></td><td colspan="2">审　核</td><td></td><td colspan="2">第　页</td><td>共　页</td></tr>
</table>

六、编制数控车削加工程序（参考）

1. FANUC 0i Mate-TC 程序

顺序号	程　序	说　明
	O0001	程序名
N010	M8	切削液开
N020	M3 S600	主轴正转，转速 $n=600$r/min
N030	T0101	调用 1 号刀具
N040	G00 X23 Z0	刀具快速接近工件端面
N050	G01 X-1 F0. 1	车削端面
N060	G00 X23 Z1	退刀
N070	S800	主轴转速 $n=800$r/min
N080	G71 U2 R1	
N090	G71 P100 Q190 U1 F0. 2	
N100	G00 X1. 5	
N110	G01 Z0	
N160	G03 X14 Z－30 R126	
N170	G01 Z－41	
N180	G01 X18 Z－45	
N190	G01 Z－105	
N200	G70 P100 Q190 S1200 F0. 08	
N210	G00 X100 Z100	
N220	T0202	调用 2 号刀具
N230	S800	
N240	G00 X23 Z－98	
N250	G01 X14 F0. 05	切槽
N260	G01 X20	
N270	G00 Z－104. 5	
N280	G01 X3	切断
N290	G00 X100	X 向退刀
N300	G00 Z100	Z 向退刀
N310	M09	切削液关
N320	M05	主轴停止转动
N330	M30	程序结束

2. HNC-21T 程序

顺序号	程　　序	说　　明
	%0001	
N010	G90 G95 M08	
N020	M03 S600	
N030	T0101	调用1号刀具
N040	G00 X23 Z0	刀具快速接近工件端面
N050	G01 X-1 F0.1	车削端面
N060	G00 X23 Z1	退刀
N070	S800	主轴转速 $n=800$r/min
N080	G71 U2 R1 P90 Q180 X1 F0.2 S1200	
N090	G00 X1.5	
N100	G01 Z0	
N110	G03 X14 Z-30 R126 F0.08	
N160	G01 Z-41	
N170	G01 X18 Z-45	
N180	G01 Z-105	
N190	G00 X100	
N200	G00 Z100	
N210	T0202	调用2号刀具
N220	S800	
N230	G00 X23 Z-98	
N240	G01 X14 F0.05	
N250	G01 X20	
N260	G00 Z-104.5	
N270	G01 X3	切断
N280	G00 X100	*X* 向退刀
N290	G00 Z100	*Z* 向退刀
N300	M09	切削液关
N310	M05	主轴停止转动
N320	M30	程序结束

3. SINUMERIK 802S/C 程序

	程　　序	说　　明
	XM2.MPF	
N010	G90 G95 M08	
N020	M03 S600	

（续）

	程　序	说　明
N030	T1D1	调用1号刀具
N040	G00 X23 Z0	刀具快速接近工件端面
N050	G01 X-1 F0.1	车削端面
N060	G00 X23 Z1	退刀
N070	S800	主轴转速 $n=800$r/min
N080	G00 X23 Z3	
N090	_CNAME = "ZD"	
N100	R105 = 9 R106 = 0.5 R108 = 2 R109 = 0 R110 = 1 R111 = 0.2 R112 = 0.08	
N110	LCYC95	
N160	G00 X100	
N170	G00 Z100	
N180	T2D1	调用2号刀具
N190	S800	
N200	G00 X23 Z-98	
N210	G01 X14 F0.05	
N220	G01 X20	
N230	G00 Z-104.5	
N240	G01 X3	切断
N250	G00 X100	X向退刀
N260	G00 Z100	Z向退刀
N270	M09	切削液关
N280	M05	主轴停止转动
N290	M02	程序结束
	ZD.SPF	轮廓子程序
N060	G00 X1.5	
N070	G01 Z0	
N080	G03 X14 Z-30 CR=126	
N090	G01 Z-41	
N100	G01 X18 Z-45	
N110	G01 Z-105	
N120	M17	子程序结束并返回

【完成学习工作页】（表2-7、表2-8、表2-9、表2-10、表2-11、表2-12）

表2-7 任务安排计划书

项目名称			组　别	
零件名称			制定人	
同组学员				
流　程	任　务	负责人	方法/手段	预期成果及检查项目

表2-8 成本核算表

零件名称			零件图号	
核算项目		成本单位/(元/kg)	质量/kg	成本/元
材料成本	铝合金			
	45钢			
核算项目		单位成本/(元/h)	工时/h	成本/元
加工成本	刀具使用费			
	机床使用费			
人工成本	编制加工程序			
环境保护成本	环保费			
合　计				
填表人		审核人		

表2-9 工具和量具清单

种类	序号	名称	规格	精度	单位	数量
组　别			项目名称			
零件图号			零件名称			
工具	1	三爪自定心卡盘			个	1
	2	卡盘扳手			副	1
	3	刀架扳手			副	1
	4	垫刀片			块	若干
	5	磁性表座			副	1
量具	1	游标卡尺	0～150mm	0.02mm	把	1
	2	外径千分尺	0～25mm	0.01mm	把	1
	3	百分表	0～10mm	0.01mm	只	1

（续）

种　类	序　号	名　称	规　格	精　度	单　位	数　量
量　具	4	半径样板			套	1
	5	表面粗糙度样板			套	1
编　制			审核		日期	

表2-10　刀具清单

组　别			项目名称			
零件图号			零件名称			
序　号	刀具号	刀具名称	刀具参数	被加工表面	刀具简图	备　注
编　制			审　核		日　期	

表2-11　数控加工工序卡片

数控加工工序卡片 （单位）		工序号	工序内容			
		零件名称	材　料	夹具名称	使用设备	
工步号	工步内容	刀具号 刀补号	主轴转速 n/(r/min)	进给量 f/(mm/r)	背吃刀量 a_p/mm	备　注
编　制		审　核		第　页	共　页	

表2-12　零件评分表

班　级		姓　名				
序　号	项　目	配　分		得　分		备　注
		IT	R_a	IT	R_a	
1	ϕ18mm	8	2			超差不得分
2	ϕ14mm	8	2			超差不得分
3	R126mm 圆弧	8	2			超差不得分
4	长度100mm	6	2			超差不得分

（续）

序号	项目	配分		得分		备注
		IT	R_a	IT	R_a	
5	槽宽 4mm	3				超差不得分
6	ϕ1.5mm	2				超差不得分
7	其余表面		2			超差不得分
8	程序编制	10				酌情扣分
9	机床操作	10				酌情扣分
10	装刀、对刀	15				酌情扣分
11	量具使用	10				酌情扣分
12	安全文明操作	10				酌情扣分
合计		100				

【教学评价】（表 2-13、表 2-14、表 2-15）

表 2-13 学生自评表

班级			姓名	
项目名称			组别	
考核项目	考核内容		满分	得分
社会能力	尊敬师长、尊重同学		5	
	相互协作		5	
	主动帮助他人		5	
	办事能力		5	
方法能力	出勤	迟到	3	
		早退	3	
		旷课	4	
	能独立思考、解决问题		5	
	创新能力		5	
专业能力	安全规范意识		5	
	5S 遵守情况		5	
	零件加工分析能力		10	
	工艺处理能力		10	
	仿真验证能力		10	
	实操能力		10	
	零件检验能力		10	
合计			100	
自我评价				

表 2-14　小组成员互评表

被评价学生		承担任务	
考核项目	考核内容	满　分	得　分
社会能力	尊敬师长	5	
	尊重同学	5	
	团队协作	10	
	主动帮助他人	10	
方法能力	创新能力	10	
	学习态度认真	10	
	能独立思考、解决问题	10	
专业能力	所承担的工作量	20	
	理论及实操能力	10	
	5S 遵守情况	10	
	合　计	100	
评　语			
评价人		学　号	

表 2-15　教师评价表

班　级		姓　名		
项目名称		组　别		
评分内容		分　值	得　分	备　注
资　讯	起始情况评价	5		
	收集信息评价	5		
计　划	工作计划情况	5		
决　策	解决问题情况	5		
实　施	零件加工分析	5		
	确定装夹方案	5		
	刀具正确选用及安装	5		
	确定加工方案	5		
	切削参数选用	5		
	识读加工工艺文件	5		
	识读加工程序	5		
	仿真加工验证	5		
	实际加工	5		
检　查	零件检测	10		
	上交文件齐全、正确	5		

（续）

评分内容			分值	得分	备注
评价		完成工作量	5		
		工作效率及文明施工	5		
		学生自我评价	5		
		同组学生的评价	5		
		总分	100		
评价教师		评语			

【学后感言】

____

____

____

项目3

轴类零件的数控车削加工

本项目通过完成三个轴类零件的数控车削加工，使学生掌握轴类零件的加工特点，能正确选择加工刀具，学会编制轴类零件的加工工艺和数控车削加工程序，填写完整的工艺文件。

【学习目标】

知识目标

1. 掌握零件图的识读和工件的检测方法。
2. 了解轴类零件的加工工艺和工件的定位装夹，以及有关刀具和量具的知识。
3. 熟悉常用指令。

技能目标

1. 能熟练操作数控车床，会程序的编制、模拟、调试。
2. 能正确选择、安装刀具，会合理选择切削用量。
3. 能正确使用量具，会使用相关量具进行工件检测。
4. 能按图样要求加工出合格的工件。

【工作任务】

任务1　外圆柱面的数控车削加工

任务2　外成形面的数控车削加工

任务3　螺纹轴的数控车削加工

任务1　外圆柱面的数控车削加工

根据图3-1a的要求，进行零件加工分析，确定装夹方式和加工方案，选择刀具和切削用量，填写工艺文件，编制加工程序，并完成零件加工。零件立体图如图3-1b所示。

得以简化，编程效率提高。

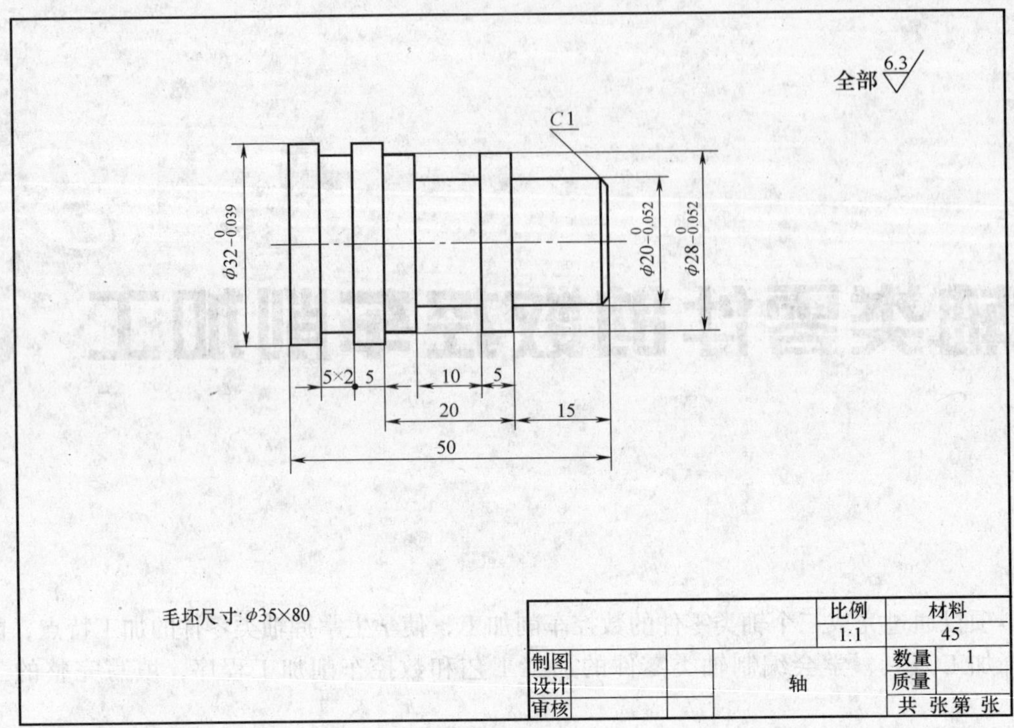

a)

b)

图 3-1　轴（一）

a）零件图　b）立体图

一、内（外）径车削循环指令

切削循环通常使用一个含 G 代码的程序段完成用多个程序段指令的加工操作，使程序得以简化，编程效率提高，这就是切削循环指令。

1. FANUC 0i Mate-TC 系统

（1）圆柱面内（外）径切削循环

格式：G90 X（U）__ Z（W）__ F__；

说明：X、Z——切削终点 *C* 在工件坐标系下的绝对坐标值；

U、W——切削终点 *C* 相对于循环起点 *A* 的有向距离，如图 3-2a 所示，其符号由轨迹 1 和 2 的方向确定。

（2）圆锥面内（外）径切削循环

格式：G90 X（U）__ Z（W）__ R__ F__；

说明：X、Z——切削终点 *C* 在工件坐标系下的绝对坐标值；

U、W——切削终点 *C* 相对于循环起点 *A* 的有向距离，如图 3-2b 所示。

R——切削起点 *B* 与切削终点 *C* 的半径差，有正、负号，其符号为半径差的符号。

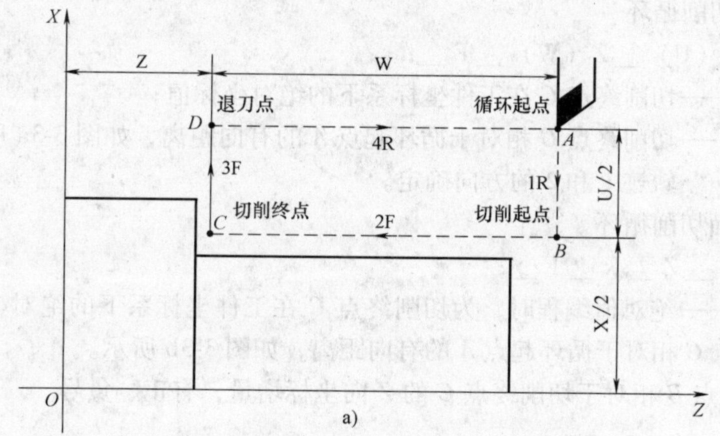

a)

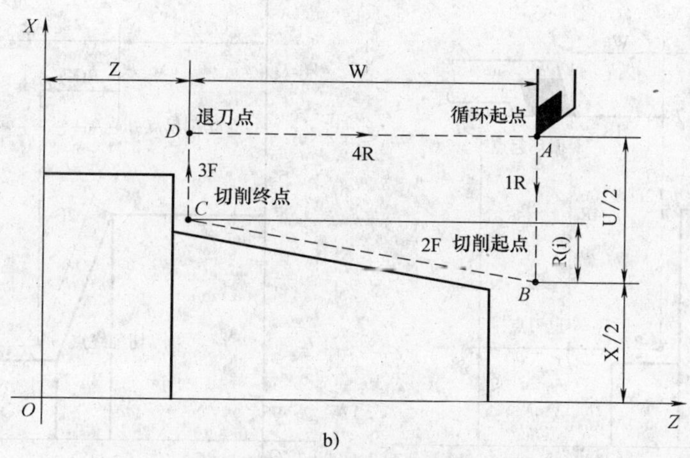

b)

图 3-2 内外径切削循环

a）圆柱面内（外）径切削循环

b）圆锥面内（外）径切削循环

2. HNC-21T 系统

（1）圆柱面内（外）径切削循环

格式：G80 X __ Z __ F __;

说明：同 FANUC 0i Mate-TC 系统。

（2）圆锥面内（外）径切削循环

格式：G80 X __ Z __ I __ F __;

说明：I——切削起点 *B* 与切削终点 *C* 的半径差，有正、负号，其符号为半径差的符号。

其余同 FANUC 0i Mate-TC 系统。

二、端面车削循环

1. FANUC 0i Mate-TC 系统

（1）平端面切削循环

格式：G94 X（U）__ Z（W）__ F __;

说明：X、Z——切削终点 *C* 在工件坐标系下的绝对坐标值；

U、W——切削终点 *C* 相对于循环起点 *A* 的有向距离，如图 3-3a 所示，其符号由轨迹 1 和 2 的方向确定。

（2）圆锥端面切削循环

格式：G94 X __ Z __ K __ F __;

说明：X、Z——绝对值编程时，为切削终点 *C* 在工件坐标系下的绝对坐标；增量值编程时，为切削终点 *C* 相对于循环起点 *A* 的有向距离，如图 3-3b 所示。

R——切削起点 *B* 相对于切削终点 *C* 的 *Z* 向坐标增量，有正、负号。

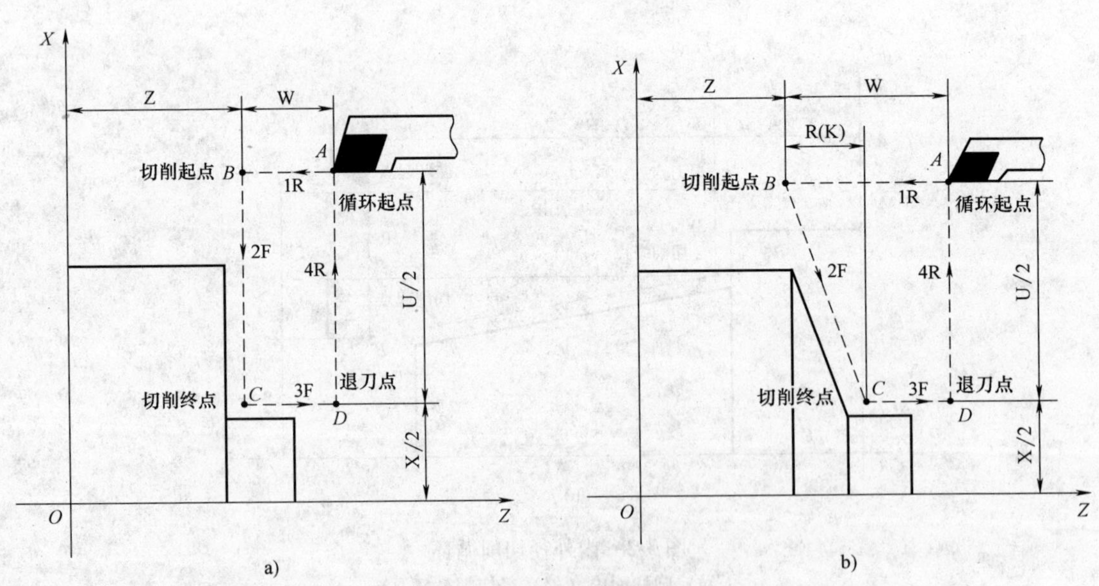

图 3-3 端面切削循环

a）平端面切削循环 b）圆锥端面切削循环

2. HNC-21T 系统

（1）平端面切削循环

格式：G81 X __ Z __ F __;

说明：同 FANUC 0i Mate-TC 系统。

（2）圆锥端面切削循环

格式：G81 X __ Z __ K __ F __;

说明：K——切削起点 B 相对于切削终点 C 的 Z 向有向距离，有正、负号。

其余同 FANUC 0i Mate-TC 系统。

【任务实施】

教学组织实施建议：采取分组实训的形式，通过任务驱动法、小组讨论法、讲授法、演示法等组织教学。

一、零件加工分析

零件由尺寸为 $\phi20_{-0.052}^{0}$mm、$\phi28_{-0.052}^{0}$mm、$\phi32_{-0.039}^{0}$mm 的三个阶梯组成，在 $\phi28_{-0.052}^{0}$mm 外圆上切 $\phi20$mm × 10mm 的直槽，在 $\phi32$mm 外圆上切 $\phi28$mm × 5mm 的直槽，其中 $\phi20_{-0.052}^{0}$mm、$\phi28_{-0.052}^{0}$mm、$\phi32_{-0.039}^{0}$mm 外圆尺寸为重要尺寸。材料为 45 钢，毛坯尺寸为 $\phi35$mm × 80mm，材料易于加工，选择合理的切削参数及刀具可以获得表面粗糙度 R_a 值 6.3μm。

二、确定装夹方案

毛坯为 45 钢棒料，尺寸为 $\phi35$mm × 80mm，选用三爪自定心卡盘装夹，无需安装顶尖。

三、确定加工方案

1）装夹工件，如图 3-4 所示。外露 60mm，车端面，见平即可。
2）粗、精加工 $\phi20$mm、$\phi28$mm、$\phi32$mm 外圆柱面至尺寸，倒角 $C1$ 一处。
3）切槽 $\phi20$mm × 10mm，$\phi28$mm × 5mm 至尺寸。
4）在距端面 50mm 处切断，工件加工结束。

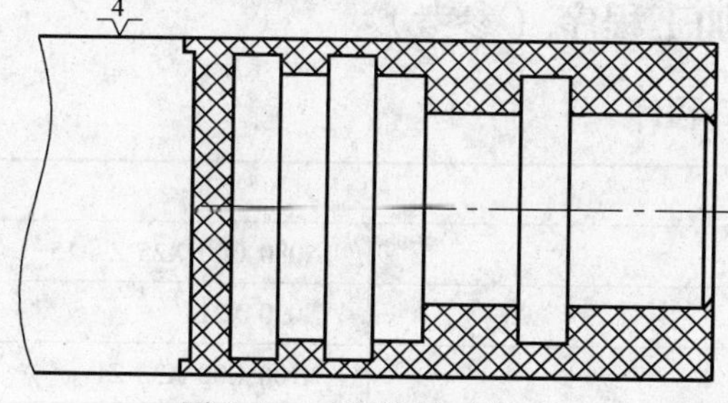

图 3-4　工序简图（轴一）

四、选择刀具和切削用量

1. 确定刀具

（1）93°外圆车刀　刀尖角 55°，见图 2-12。

（2）切槽刀　刀宽4mm，见图2-13。

2. 确定切削用量

（1）外圆、倒角

粗加工：$n=800\mathrm{r/min}$，$f=0.2\mathrm{mm/r}$，$a_p=2\mathrm{mm}$；

精加工：$n=1200\mathrm{r/min}$，$f=0.08\mathrm{mm/r}$，$a_p=0.5\mathrm{mm}$。

（2）切槽、切断　$n=550\mathrm{r/min}$，$f=0.05\mathrm{mm/r}$，$a_p=4\mathrm{mm}$。

五、填写工艺文件（表3-1、表3-2）

表3-1　数控加工刀具卡片

序号	刀具名称	刀具参数	被加工表面
1	93°外圆车刀	刀尖角55°	零件外圆柱表面
2	切槽刀	4mm	零件直槽、切断

表3-2　数控加工工序卡片

数控加工工序卡片 （单位）			工序号		工序内容			
			零件名称		材料	夹具名称	使用设备	
					45钢	三爪自定心卡盘	数控车床	
工步号	程序号	工步内容	刀具号	刀具规格	主轴转速 n/(r/min)	进给量 f/(mm/r)	背吃刀量 a_p/mm	备注
1	O0001	车端面	1		600	0.1	0.2	
2		粗车外轮廓	1		800	0.2	2	
3		精车外轮廓	1		1200	0.08	0.5	
4		切槽	2		550	0.05	4	
5		切断	2		550	0.05	4	
编制			审核			第　页	共　页	

六、编制数控车削加工程序（参考）

1. FANUC 0i Mate-TC程序

O0001	
N010 M03 S800	N080 G90 X25 Z-15
N020 T0101	N090 X21
N030 G00 X36 Z1	N100 G00 X33 Z1
N040 G90 X33 Z-55 F0.2	N110 M03 S1200
N050 G00 X32 Z1	N120 G00 X18
N060 G90 X29 Z-35	N130 G01 Z0
N070 G00 X30 Z1	N140 G01 X20 Z-1 F0.08

（续）

N150 G01 Z－15	N300 G00 Z－24
N160 G01 X28	N310 G01 X20
N170 G01 Z－35	N320 G00 X33
N180 G01 X32	N330 G00 Z－45
N190 G01 Z－55	N340 G01 X28
N200 G00 X100 Z100	N350 G00 X33
N210 T0202	N360 G00 Z－44
N220 S550	N370 G01 X28
N230 G00 X36 Z1	N380 G00 X33
N240 G00 X30 Z－30	N390 G00 Z－54
N250 G01 X20 F0.05	N400 G01 X0
N260 G00 X30	N410 G00 X100
N270 G00 Z－26	N420 G00 Z100
N280 G01 X20	N430 M05
N290 G00 X30	N440 M30

2. HNC-21T 程序

%0001	
N010 G90 G95	N170 G01 X28
N020 M03 S800	N180 G01 Z－35
N030 T0101	N190 G01 X32
N040 G00 X36 Z1	N200 G01 Z－55
N050 G80 X33 Z－55 F0.2	N210 G00 X100 Z100
N060 G00 X32 Z1	N220 T0202
N070 G80 X29 Z－35	N230 S550
N080 G00 X30 Z1	N240 G00 X36 Z1
N090 G80 X25 Z－15	N250 G00 X30 Z－30
N100 X21	N260 G01 X20 F0.05
N110 G00 X33 Z1	N270 G00 X30
N120 M03 S1200	N280 G00 Z－26
N130 G00 X18	N290 G01 X20
N140 G01 Z0	N300 G00 X30
N150 G01 X20 Z－1 F0.08	N310 G00 Z－24
N160 G01 Z－15	N320 G01 X20

（续）

N330 G00 X33	N400 G00 Z－54
N340 G00 Z－45	N410 G01 X0
N350 G01 X28	N420 G00 X100
N360 G00 X33	N430 G00 Z100
N370 G00 Z－44	N440 M05
N380 G01 X28	N450 M30
N390 G00 X33	

3. SINUMERIK 802S/C 程序

XM3. MPF	
N010 G90 G95	N260 T2D1
N020 M03 S800	N270 S550
N030 T1D1	N280 G00 X36 Z1
N040 G0 X33 Z1	N290 G00 X30 Z－30
N050 G1 X33 Z－55 F0.2	N300 G01 X20 F0.05
N060 G0 X32 Z1	N310 G00 X30
N070 G0 X29	N320 G00 Z－26
N080 G1 X29 Z－35	N330 G01 X20
N090 G0 X30 Z1	N340 G00 X30
N100 G0 X25	N350 G00 Z－24
N110 G1 X25 Z－15	N360 G01 X20
N120 G0 X26 Z1	N370 G00 X33
N130 X21	N380 G00 Z－45
N140 G1 X21 Z－15	N390 G01 X28
N150 G00 X22 Z1	N400 G00 X33
N160 M03 S1200	N410 G00 Z－44
N170 G00 X18	N420 G01 X28
N180 G01 Z0	N430 G00 X33
N190 G01 X20 Z－1 F0.08	N440 G00 Z－54
N200 G01 Z－15	N450 G01 X0
N210 G01 X28	N460 G00 X100
N220 G01 Z－35	N470 G00 Z100
N230 G01 X32	N480 M05
N240 G01 Z－55	N490 M2
N250 G00 X100 Z100	

【完成学习工作页】(表3-3、表3-4)

表3-3　工具和量具清单

<table>
<tr><td colspan="2">组　别</td><td></td><td>项目名称</td><td colspan="4"></td></tr>
<tr><td colspan="2">零件图号</td><td></td><td>零件名称</td><td colspan="4"></td></tr>
<tr><td>种　类</td><td>序　号</td><td>名　称</td><td>规　格</td><td>精　度</td><td>单　位</td><td>数　量</td></tr>
<tr><td rowspan="5">工　具</td><td></td><td></td><td></td><td></td><td></td><td></td></tr>
<tr><td></td><td></td><td></td><td></td><td></td><td></td></tr>
<tr><td></td><td></td><td></td><td></td><td></td><td></td></tr>
<tr><td></td><td></td><td></td><td></td><td></td><td></td></tr>
<tr><td></td><td></td><td></td><td></td><td></td><td></td></tr>
<tr><td rowspan="5">量　具</td><td></td><td></td><td></td><td></td><td></td><td></td></tr>
<tr><td></td><td></td><td></td><td></td><td></td><td></td></tr>
<tr><td></td><td></td><td></td><td></td><td></td><td></td></tr>
<tr><td></td><td></td><td></td><td></td><td></td><td></td></tr>
<tr><td></td><td></td><td></td><td></td><td></td><td></td></tr>
<tr><td>编　制</td><td colspan="2"></td><td>审　核</td><td></td><td>日　期</td><td></td></tr>
</table>

表3-4　零件评分表

<table>
<tr><td colspan="2">班　级</td><td colspan="2"></td><td colspan="2">姓　名</td><td></td></tr>
<tr><td rowspan="2">序　号</td><td rowspan="2">项　目</td><td colspan="2">配　分</td><td colspan="2">得　分</td><td rowspan="2">备　注</td></tr>
<tr><td>IT</td><td>R_a</td><td>IT</td><td>R_a</td></tr>
<tr><td>1</td><td>$\phi32_{-0.039}^{\ 0}$mm</td><td>8</td><td>2</td><td></td><td></td><td>超差不得分</td></tr>
<tr><td>2</td><td>$\phi28_{-0.052}^{\ 0}$mm</td><td>8</td><td>2</td><td></td><td></td><td>超差不得分</td></tr>
<tr><td>3</td><td>$\phi20_{-0.052}^{\ 0}$mm</td><td>8</td><td>2</td><td></td><td></td><td>超差不得分</td></tr>
<tr><td>4</td><td>槽 ϕ28mm×5mm</td><td>5</td><td>2</td><td></td><td></td><td>超差不得分</td></tr>
<tr><td>5</td><td>槽 ϕ20mm×10mm</td><td>5</td><td>2</td><td></td><td></td><td>超差不得分</td></tr>
<tr><td>6</td><td>长度50mm</td><td>5</td><td></td><td></td><td></td><td>超差不得分</td></tr>
<tr><td>7</td><td>宽度5mm</td><td>3</td><td></td><td></td><td></td><td>超差不得分</td></tr>
<tr><td>8</td><td>宽度5mm</td><td>3</td><td></td><td></td><td></td><td>超差不得分</td></tr>
<tr><td>9</td><td>倒角 C1</td><td>2</td><td></td><td></td><td></td><td>超差不得分</td></tr>
<tr><td>10</td><td>其余表面</td><td></td><td>3</td><td></td><td></td><td>超差不得分</td></tr>
<tr><td>11</td><td>程序编制</td><td colspan="2">10</td><td colspan="2"></td><td>酌情扣分</td></tr>
<tr><td>12</td><td>机床操作</td><td colspan="2">10</td><td colspan="2"></td><td>酌情扣分</td></tr>
<tr><td>13</td><td>装刀对刀</td><td colspan="2">5</td><td colspan="2"></td><td>酌情扣分</td></tr>
<tr><td>14</td><td>量具使用</td><td colspan="2">5</td><td colspan="2"></td><td>酌情扣分</td></tr>
<tr><td>15</td><td>安全文明操作</td><td colspan="2">10</td><td colspan="2"></td><td>酌情扣分</td></tr>
<tr><td colspan="2">合　计</td><td colspan="2">100</td><td colspan="2"></td><td></td></tr>
</table>

任务2　外成形面的数控车削加工

根据图3-5a的要求，进行零件加工分析，确定装夹方式，确定加工方案，选择刀具和切削用量，填写工艺文件，编制加工程序，并完成零件加工。零件立体图如图3-5b所示。

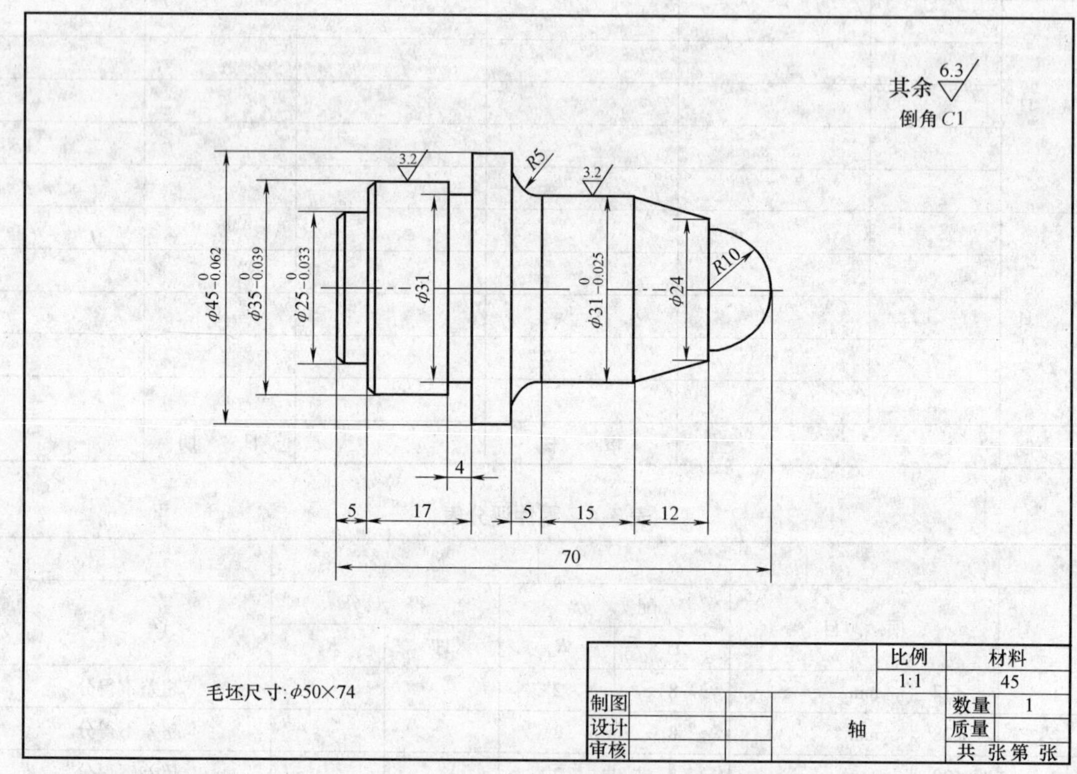

a)

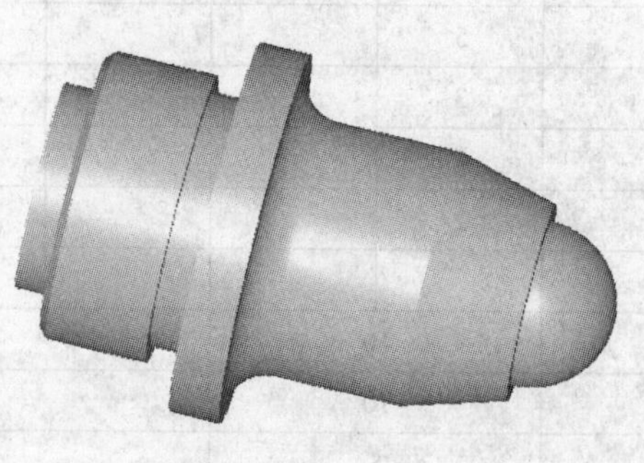

b)

图3-5　轴（二）

a）零件图　b）立体图

【知识准备】

数控车床编程的特点：

1）在一个程序段中，根据被加工零件的图样标注尺寸，从便于编程的角度出发，可采用绝对尺寸编程、增量尺寸编程或二者混合编程。考虑到开环控制系统数控车床没有位置检测元件，为避免增量尺寸编程可能造成的累积误差，在此类数控车床上加工尺寸精度要求较高的零件时，建议采用绝对尺寸编程。

2）加工零件的毛坯通常为圆棒料，加工余量较大，要加工到图样标注尺寸，需要一层一层地切削，如果每层加工都编写程序，编程工作量将大大增加。因此，数控系统有毛坯切削循环等不同形式的循环功能，以减少编程工作量。

3）对于刀具位置的变化、刀具几何形状的变化及刀尖圆弧半径的变化，都无需更改加工程序，编程人员可以按照工件的实际轮廓尺寸进行编程。数控车床的数控系统具有的刀具补偿功能使编程人员只要将有关参数输入到存储器中，数控系统就能自动进行刀具补偿。在电动刀架上不同位置的刀具，虽然在装夹时其刀尖到机床参考点的坐标各不相同，但都可以通过参数的设置实现自动刀具补偿，编程人员只要使用实际轮廓尺寸进行编程并正确选择刀具号即可。

4）由于加工零件的图样尺寸及测量尺寸都是直径值，所以通常采用直径尺寸编程。在用直径尺寸编程时，如采用绝对尺寸编程，X 表示直径值；如采用增量尺寸编程，X 表示径向位移量的两倍。在用半径尺寸编程时，如采用绝对尺寸编程，X 表示半径值；如采用增量尺寸编程，X 表示径向位移量。

【任务实施】

教学组织实施建议：采取分组实训的形式，通过任务驱动法、小组讨论法、讲授法、演示法等组织教学。

一、零件加工分析

零件左端为 $\phi 25_{-0.033}^{0}$ mm、$\phi 35_{-0.039}^{0}$ mm、$\phi 45_{-0.062}^{0}$ mm 外圆柱面和 ϕ31mm×4mm 直槽，重要表面为 $\phi 25_{-0.033}^{0}$ mm、$\phi 35_{-0.039}^{0}$ mm、$\phi 45_{-0.062}^{0}$ mm 外圆柱面；零件右端由 R10mm 圆弧面，外圆锥面，$\phi 31_{-0.025}^{0}$ mm 外圆柱面，R5mm 圆弧面组成，重要表面为 $\phi 31_{-0.025}^{0}$ mm 外圆柱面。材料为 45 钢，尺寸为 ϕ50mm×74mm，材料易于加工，选择合理的切削参数及刀具可以获得表面粗糙度 R_a 值 3.2μm。

二、确定装夹方案

毛坯为 45 钢棒料，尺寸为 ϕ50mm×74mm，选用三爪自定心卡盘装夹，无需安装顶尖。

三、确定加工方案

1）装夹工件，外露 35mm，车端面，见平即可，如图 3-6a 所示。

2）粗、精加工左端 $\phi 25_{-0.033}^{0}$ mm、$\phi 35_{-0.039}^{0}$ mm、$\phi 45_{-0.062}^{0}$ mm 外圆柱面至尺寸，倒角 $C1$ 两处。

3）切槽 ϕ31mm×4mm 至尺寸。

4）调头（见图 3-6b），装夹 $\phi 35_{-0.039}^{0}$ mm 外圆柱面，夹持长度小于 22mm。

5）车端面，保证总长 70mm，对刀。

6）粗、精加工右端面 $R10$mm 圆弧面、外圆锥，$\phi 31_{-0.025}^{\ 0}$ mm 外圆柱面，$R5$mm 圆弧面至尺寸，工件加工结束。

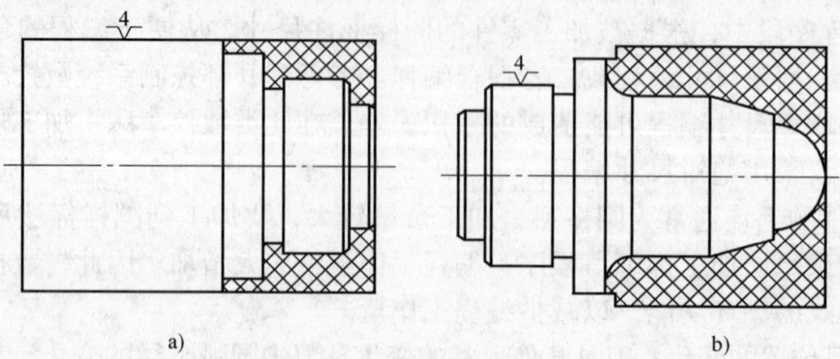

图 3-6　工序简图（轴二）

四、选择刀具和切削用量

1. 确定刀具

（1）93°外圆车刀　刀尖角 55°。

（2）切槽刀　刀宽 4mm。

2. 确定切削用量

（1）外圆柱面、外圆锥面、倒角

粗加工：$n=800$r/min，$f=0.2$mm/r，$a_p=2$mm；

精加工：$n=1200$r/min，$f=0.08$mm/r，$a_p=0.5$mm。

（2）切槽、切断　$n=550$r/min，$f=0.05$mm/r，$a_p=4$mm。

五、填写工艺文件（表 3-5、表 3-6）

表 3-5　数控加工刀具卡片

序　号	刀具名称	刀具参数	被加工表面
1	93°外圆车刀	刀尖角 55°	零件外圆各表面
2	切槽刀	刀宽 4mm	零件 4mm 直槽

表 3-6　数控加工工序卡片

<table>
<tr><td colspan="3" rowspan="2">数控加工工序卡片</td><td colspan="2">工　序　号</td><td colspan="4">工序内容</td></tr>
<tr><td colspan="2"></td><td colspan="4"></td></tr>
<tr><td colspan="3" rowspan="2">（单位）</td><td colspan="2">零件名称</td><td>材　料</td><td>夹具名称</td><td colspan="2">使用设备</td></tr>
<tr><td colspan="2">轴</td><td>45 钢</td><td>三爪自定心卡盘</td><td colspan="2">数控车床</td></tr>
<tr><td>工步号</td><td>程序号</td><td>工步内容</td><td>刀具号</td><td>刀具规格</td><td>主轴转速 n/(r/min)</td><td>进给量 f/(mm/r)</td><td>背吃刀量 a_p/mm</td><td>备　注</td></tr>
<tr><td>1</td><td rowspan="4">O0001</td><td>车端面</td><td>T1</td><td></td><td>600</td><td>0.1</td><td>0.2</td><td></td></tr>
<tr><td>2</td><td>粗车外轮廓</td><td>T1</td><td></td><td>800</td><td>0.2</td><td>2</td><td></td></tr>
<tr><td>3</td><td>精车外轮廓</td><td>T1</td><td></td><td>1200</td><td>0.08</td><td>0.5</td><td></td></tr>
<tr><td>4</td><td>切槽</td><td>T2</td><td></td><td>550</td><td>0.05</td><td>4</td><td></td></tr>
</table>

（续）

工步号	程序号	工步内容	刀具号	刀具规格	主轴转速 n/(r/min)	进给量 f/(mm/r)	背吃刀量 a_p/mm	备　注
5	O0002	车端面	T1		600	0.1	0.2	
6		粗车外轮廓	T1		800	0.2	2	
7		精车外轮廓	T1		1200	0.08	0.5	
编　制			审　核			第　页		共　页

六、编制数控车削加工程序（参考）

1. FANUC 0i Mate-TC 程序

O0001（见图3-6a）

N010 M03 S800	N140 G01 X45 Z－22.5
N020 T0101	N150 G01 Z－30
N030 G00 X51 Z1	N160 G70 P60 Q150 S1200 F0.08
N040 G71 U2 R1	N170 G00 X100 Z100
N050 G71 P60 Q150 U1 F0.2	N180 T0202
N060 G00 X23	N190 G00 X46 Z1
N070 G01 Z0	N200 G00 Z－22
N080 G01 X25 Z－1	N210 G01 X31 F0.05
N090 G01 Z－5	N220 G00 X100
N100 G01 X33	N230 G00 Z100
N110 G01 X35 Z－6	N240 M05
N120 G01 Z－22	N250 M30
N130 G01 X44	

O0002（见图3-6b）

N010 M03 S800	N100 G01 X31 Z－22
N020 T0101	N110 G01 Z－37
N030 G00 X51 Z1	N120 G02 X41 Z－42 R5
N040 G71 U2 R1	N130 G01 X44
N050 G71 P60 Q140 U1 F0.2	N140 G01 X46 Z－43
N060 G00 X0	N150 G70 P60 Q140 S1200 F0.08
N070 G01 Z0	N160 G00 X100 Z100
N080 G03 X20 Z－10 R10	N170 M05
N090 G01 X24	N180 M30

2. HNC-21T 程序

%0001（见图 3-6a）	
N010 G90 G95	N130 G01 X44
N020 M03 S800	N140 G01 X45 Z-22.5
N030 T0101	N150 G01 Z-30
N040 G00 X51 Z1	N160 G00 X100 Z100
N050 G71 U2 R1 P60 Q150 X1 F0.2	N170 T0202
N060 G00 X23 S1200 F0.08	N180 G00 X46 Z1
N070 G01 Z0	N190 G00 Z-22
N080 G01 X25 Z-1	N200 G01 X31 F0.05
N090 G01 Z-5	N210 G00 X100
N100 G01 X33	N220 G00 Z100
N110 G01 X35 Z-6	N230 M05
N120 G01 Z-22	N240 M30
%0002（见图 3-6b）	
N010 G90 G95	N100 G01 X31 Z-22
N020 M03 S800	N110 G01 Z-37
N030 T0101	N120 G02 X41 Z-42 R5
N040 G00 X51 Z1	N130 G01 X44
N050 G71 U2 R1 P60 Q140 X1 F0.2	N140 G01 X46 Z-43
N060 G00 X0 S1200 F0.08	N150 G00 X100 Z100
N070 G01 Z0	N160 M05
N080 G03 X20 Z-10 R10	N170 M30
N090 G01 X24	

3. SINUMERIK 802S/C 程序

XM321.MPF（见图 3-6a）	
N010 G90 G95	N090 T2D1
N020 M03 S800	N100 G00 X46 Z1
N030 T1D1 M08	N110 G00 Z-22
N040 G00 X51 Z1	N120 G01 X31 F0.05
N050 _CNAME = "AA1"	N130 G00 X100
N060 R105 = 9 R106 = 0.5 R108 = 2 R109 = 0 R110 = 1 R111 = 0.2 R112 = 0.08	N140 G00 Z100
N070 LCYC95	N150 M05
N080 G00 X100 Z100	N160 M2
AA1.SPF（“XM321.MPF”的轮廓子程序）	
N060 G00 X23 S1200 F0.08	N090 G01 Z-5
N070 G01 Z0	N100 G01 X33
N080 G01 X25 Z-1	N110 G01 X35 Z-6

（续）

N120 G01 Z-22	N150 G01 Z-30
N130 G01 X44	N160 M17
N140 G01 X45 Z-22.5	
XM322.MPF（见图3-6b）	
N010 G90 G95	N060 R105=9 R106=0.5 R108=2 R109=0 R110=1 R111=0.2 R112=0.08
N020 M03 S800	N070 LCYC95
N030 T1D1 M08	N080 G00 X100 Z100
N040 G00 X51 Z1	N090 M05
N050 _CNAME="AA2"	N100 M2
AA2.SPF（"XM322.MPF"的轮廓子程序）	
N060 G00 X0 S1200 F0.08	N110 G01 Z-37
N070 G01 Z0	N120 G02 X41 Z-42 CR=5
N080 G03 X20 Z-10 CR=10	N130 G01 X44
N090 G01 X24	N140 G01 X46 Z-43
N100 G01 X31 Z-22	N150 M17

【完成学习工作页】（表3-7、表3-8）

表3-7　工具和量具清单

组　别			项目名称			
零件图号			零件名称			
种　类	序　号	名　称	规　格	精　度	单　位	数　量
工具						
量具						
编　制			审　核		日　期	

表 3-8 零件评分表

班级					姓名		
序号	项目	配分		得分		备注
		IT	R_a	IT	R_a	
1	$\phi45_{-0.062}^{\ 0}$ mm	8	2			超差不得分
2	$\phi35_{-0.039}^{\ 0}$ mm	8	2			超差不得分
3	$\phi25_{-0.033}^{\ 0}$ mm	8	2			超差不得分
4	$\phi31_{-0.025}^{\ 0}$ mm	8	2			超差不得分
5	R10mm 圆弧	3	2			超差不得分
6	R5mm 圆弧	3	2			超差不得分
7	ϕ31mm	2				超差不得分
8	槽宽 4mm	2				超差不得分
9	长度 70mm	2				超差不得分
10	倒角 C1 两处	2				超差不得分
11	其余表面		2			超差不得分
12	程序编制	10				酌情扣分
13	机床操作	10				酌情扣分
14	装刀对刀	5				酌情扣分
15	量具使用	5				酌情扣分
16	安全文明操作	10				酌情扣分
	合计	100				

任务 3 螺纹轴的数控车削加工

根据图 3-7a 的要求，进行零件加工分析，确定装夹方式和加工方案，选择刀具和切削用量，填写工艺文件，编制加工程序，并完成零件加工。零件立体图见图 3-7b。

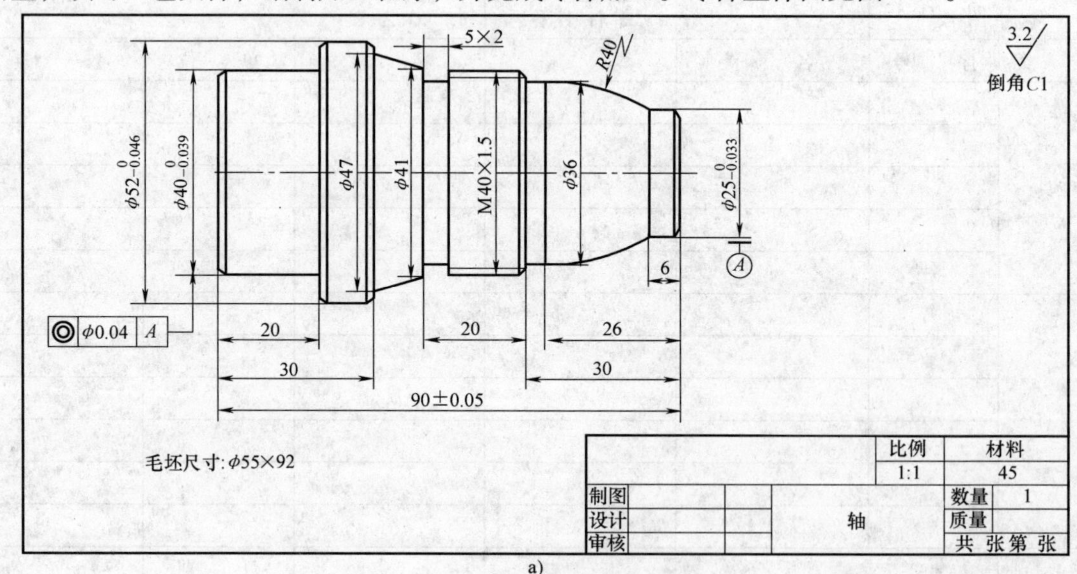

a)

图 3-7 轴（三）

a）零件图

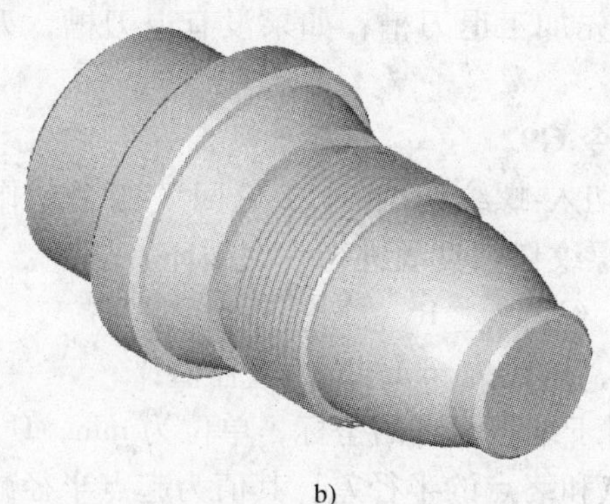

b)

图 3-7　轴（三）（续）
b）立体图

【知识准备】

通常，螺纹切削沿着同样的刀具轨迹从粗车到精车重复进行。因为螺纹切削是从在主轴上的位置编码器输出一转信号开始的，所以螺纹切削从固定点开始，刀具在工件上的轨迹不变且重复切削螺纹。注意主轴速度从粗车到精车必须保持恒定，否则螺纹导程不正确。

左/右旋螺纹由主轴的旋转方向确定，且必须在调用循环之前的程序中编入。在螺纹加工期间，进给修调开关和主轴修调开关均无效。

一、FANUC 0i Mate-TC 系统

1. 单行程螺纹切削指令 G32

格式：G32 X（U）__ Z（W）__ F __ ；

X、Z——螺纹终点坐标，单位为 mm，X 为直径值；

U、W——螺纹终点相对于编程起点的坐标，单位为 mm，U 为直径值；

F——螺纹的导程。

用途：G32 指令可用于加工圆柱、圆锥和端面螺纹，也可以用于加工连续螺纹。

注意：

① 在螺纹切削期间，进给速度倍率无效（固定在 100%）；主轴速度倍率功能在切削螺纹时失效，主轴倍率固定在 100%。

② 在螺纹切削期间不要使用恒表面切削速度控制，而应使用 G97 使主轴转速（r/min）恒定。

③ 切削螺纹时必须设置升速段 δ_1 和降速段 δ_2，这样可以避免因车刀的升降速而影响螺距的稳定。螺纹切削程序段不必指定倒角或拐角。

④ 在螺纹切削时，进给暂停功能无效。如果在螺纹切削期间按下“进给暂停”键，刀具将在执行了非螺纹切削的程序段后停止，就像按下“单程序段”键一样。但是当按下机床操作面板上的“进给暂停”按钮时，进给暂停灯亮；然后，当刀具停止时，灯灭（单程序段停止状态）。

⑤ 螺纹循环回退功能对 G32 无效。

⑥ 加工螺纹之前一般应先加工退刀槽；如果没有退刀槽，刀具在螺纹终点的加工路线一般为45°倒角退刀。

2. 单一螺纹切削循环指令 G92

螺纹切削循环指令把“切入-螺纹切削-退刀-返回”四个动作作为一个循环，用一个程序段来指令。每指定一次，螺纹切削自动进行一次循环。

格式：G92 X（U）__ Z（W）__ R __ F __；

X、Z——螺纹终点坐标，单位为mm，X为直径值；

U、W——螺纹终点相对于编程起点的坐标，单位为mm，U为直径值；

R——加工锥螺纹时起点和终点的半径差，其值为起点半径减终点半径，当X向切削起点半径小于切削终点半径时，R为负。加工圆柱螺纹时，R=0。

F——螺纹的导程。

用途：G92指令主要用于加工圆柱、圆锥螺纹。

说明：螺纹倒角能在此螺纹切削循环中实现。从机床来的信号起动螺纹倒角开始，倒角距离在（1~12.7）P之间指定，指定单位为0.1P，由参数决定，见图3-8a。

注意：

① 除与G32中的螺纹切削相同外，还有由进给保持引起的暂停（在螺纹切削循环路径3结束后暂停，见图3-8a）。

② 在螺纹切削期间（运动2），按下“进给暂停”键时，刀具立刻按斜线退出，然后先回到X轴起点，再回到Z轴起点，其过程如图3-8b所示。这期间，不能进行另外的进给暂停。倒角量与终点处的倒角量相同。

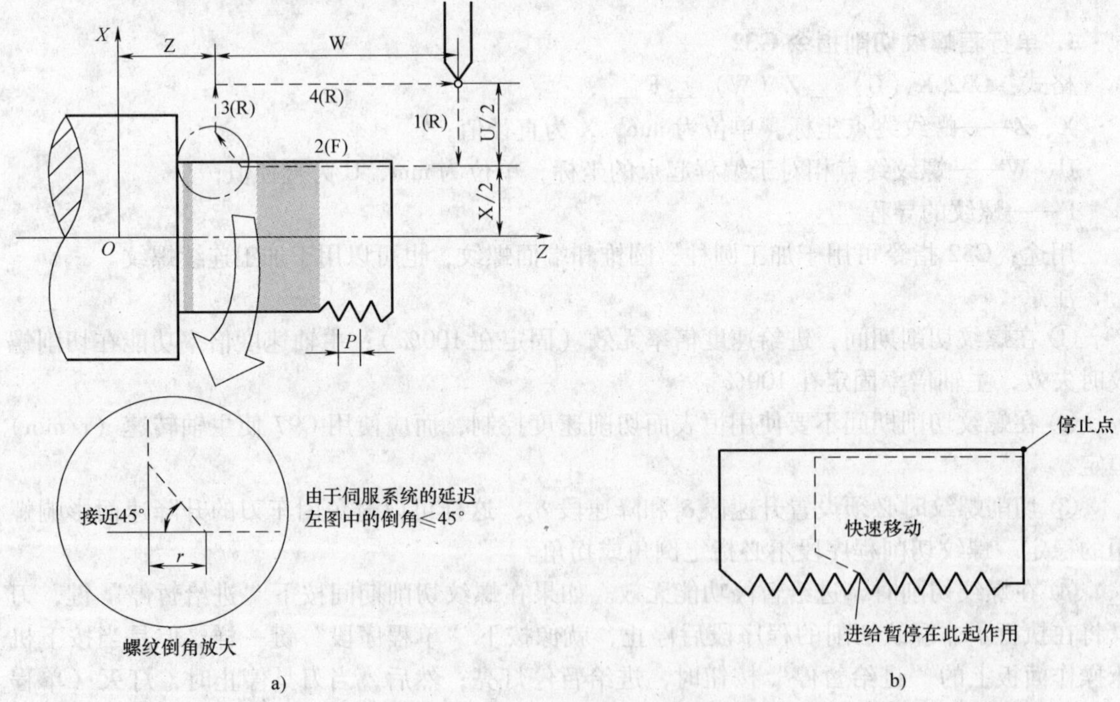

图3-8 螺纹切削循环（G92）

a）刀具轨迹 b）刀具按斜线回退轨迹

3. 复合螺纹切削循环 G76

复合螺纹切削循环 G76 指令可以完成一个螺纹段的全部加工任务。G76 指令采用斜进法进行加工，其进给方法有利于改善刀具的切削条件，可以加工导程较大的螺纹。只需指定一次有关参数，螺纹加工过程就会自动进行，较 G92 指令更加简捷。

格式：G76 P（m）（r）（α）Q（Δd_{min}）R（d）；

G76 X（U）__Z（W）__R（I）P（K）Q（ΔD）F（L）；

m——精加工重复次数，用 01 ~ 99 之间的两位数表示，为模变量。

r——螺纹尾端倒角值，该值的大小可设置在（0.0 ~ 9.9）L（L 为导程）之间，用 00 ~ 99 之间的两位数表示，系数应为 0.1 的整倍数，为模变量。

α——刀尖角度。可选择 80°，60°，55°，30°，29°和 0°，由两位数表示。

m、r 和 α 用地址 P 同时指定。例如：$m=2$、$r=1.2L$、$\alpha=60°$，表示为 P021260；

Δd_{min}——最小背吃刀量（用半径值指定），单位为 μm。当一次切削循环的背吃刀量小于此值时，背吃刀量固定在此值；在编程时也可以省略，为模变量。

d——精车余量，用半径编程指定，单位为 μm，为模变量。

X、Z——螺纹终点坐标，单位为 mm，X 为直径值。

U、W——螺纹终点相对于编程起点的坐标，单位为 mm，U 为直径值。

I——螺纹锥度值，半径值，即螺纹起点和终点的半径差（螺纹部分的半径差值）；若 $I=0$，则为圆柱螺纹，可以省略。

K——螺纹高度，用半径编程，单位为 μm。

ΔD——第一次背吃刀量（半径值），单位为 μm。

L——螺纹导程。

用途：G76 指令用于加工圆柱、圆锥螺纹，可以加工导程较大的螺纹。

G76 指令的刀具轨迹如图 3-9a 所示，刀具切削详图如图 3-9b 所示。

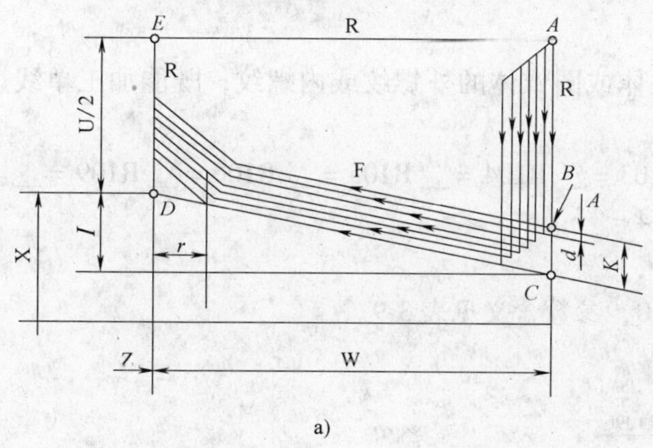

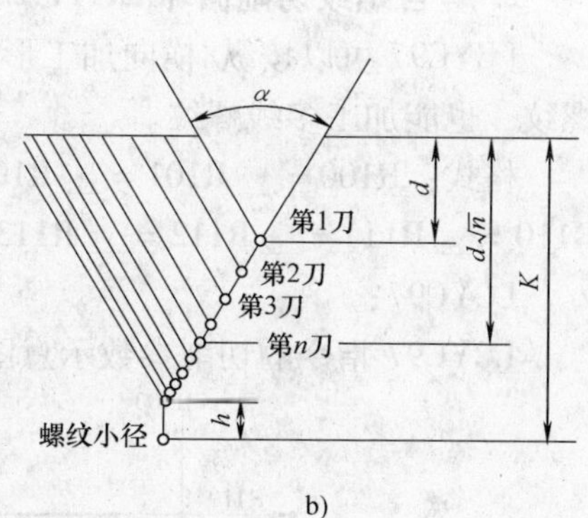

图 3-9　螺纹切削复循环 G76

a）刀具轨迹　b）刀具切削详图

二、HNC-21T 系统

1. 单行程螺纹切削指令 G32

同 FANUC 0i Mate-TC 系统 G32。

2. 单一螺纹切削循环指令 G82

格式：G82 X（U）__ Z（W）__ I __ F __

用法同 FANUC 0i Mate-TC 系统 G92。

3. 复合螺纹切削循环 G76

格式：G76 C（m）A（α）X（U）Z（W）I（i）K（k）U（Δd_{min}）V（d）Q（Δd）F（L）

m——精车重复次数，用 01 ~ 99 之间的两位数表示，为模变量。

α——刀尖角度，可从 80°、60°、55°、30°、29°和 0°六个角度中取，用两位数表示。

Δd_{min}——最小背吃刀量，半径值表示。当每次计算的背吃刀量小于这个值时，背吃刀量为这个值；单位为 mm，为模变量。

d——精车余量，半径值表示，X 为直径，单位为 mm。

X、Z——螺纹终点坐标，X 为直径值，单位为 mm。

U、W——螺纹终点相对于编程起点的坐标，U 为直径值，单位为 mm。

i——螺纹锥度值，半径值；若 $i=0$，为圆柱螺纹，可以省略。

k——螺纹高度，用半径编程，单位为 mm。

Δd——第一次背吃刀量，半径值，单位为 mm。

L——螺纹导程。

三、SINUMERIK 802S/C 系统

1. 单行程螺纹切削指令 G33

格式：G33 X（U）__ Z（W）__ K __

X、Z——为螺纹终点坐标，单位 mm，X 为直径值。

U、W——为螺纹终点相对于编程起点的坐标，U 为直径值，单位为 mm。

K——螺纹的导程。

2. 复合螺纹切削循环 LCYC97

LCYC97 可以按纵/横向加工形状为圆柱体或圆锥体的外螺纹或内螺纹，既能加工单线螺纹，也能加工多线螺纹。

格式：R100 = __ R101 = __ R102 = __ R103 = __ R104 = __ R105 = __ R106 = __ R109 = __ R110 = __ R111 = __ R112 = __ R113 = __ R114 = __；

LCYC97；

LCYC97 指令的切削参数示意图见图 3-10，参数含义见表 3-9。

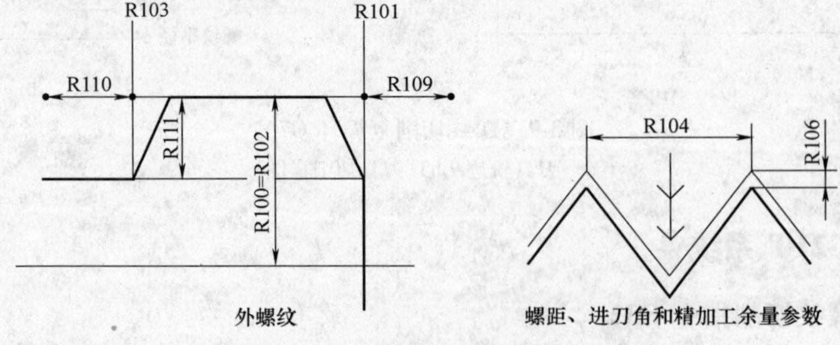

图 3-10 LCYC97 切削参数示意图

表 3-9　LCYC97 的参数含义

参　　数	含义及数值范围
R100	螺纹起始点直径
R101	纵向轴螺纹起始点
R102	螺纹终点直径
R103	纵向轴螺纹终点
R104	螺纹导程值，无符号
R105	加工类型，其中 R105 = 1 为外螺纹，R105 = 2 为内螺纹
R106	精加工余量，无符号
R109	空刀导入量，无符号
R110	空刀退出量，无符号
R111	螺纹深度，无符号
R112	起始点偏移，无符号
R113	粗切削次数，无符号
R114	螺纹线数，无符号

【任务实施】

教学组织实施建议：采取分组实训的形式，通过任务驱动法、小组讨论法、讲授法、演示法等组织教学。

一、零件加工分析

零件左端为 $\phi40_{-0.039}^{\ 0}$mm、$\phi52_{-0.046}^{\ 0}$mm 外圆柱面，都是重要表面。零件右端由 $\phi25_{-0.033}^{\ 0}$mm 外圆柱面、$R40$mm 圆弧面、$\phi36$mm 外圆柱面、M40 × 1.5 外螺纹、$\phi36$mm × 5mm 直槽和外圆锥面组成，重要表面为 $\phi25_{-0.033}^{\ 0}$mm 外圆柱面和 M40 × 1.5 外螺纹。材料为 45 钢，尺寸为 $\phi55$mm × 92mm，材料易于加工，选择合理的切削参数及刀具可以获得表面粗糙度 R_a 值 3.2μm。

二、确定装夹方案

毛坯为 45 钢棒料，尺寸为 $\phi55$mm × 92mm，选用三爪自定心卡盘装夹，无需安装顶尖。

三、确定加工方案

1）装夹工件（见图 3-11a），外露 40mm，车端面，见平即可。

2）粗、精加工左端 $\phi40_{-0.039}^{\ 0}$mm、$\phi52_{-0.046}^{\ 0}$mm 外圆柱面至尺寸，倒角 $C1$ 两处。

3）调头（见图 3-11b），装夹 $\phi40_{-0.039}^{\ 0}$mm 外圆柱面，夹持长度小于 20mm，找正，保证同轴度要求。

4）车端面，保证总长（90 ± 0.05）mm。

5）粗、精加工 $\phi25_{-0.033}^{\ 0}$mm 外圆柱面、$R40$mm 圆弧面、M40 × 1.5 外螺纹顶径、外圆锥面至尺寸。

6）切槽 5mm × 2mm 至尺寸。

7）车外螺纹 M40 ×1.5 至尺寸，工件完成。

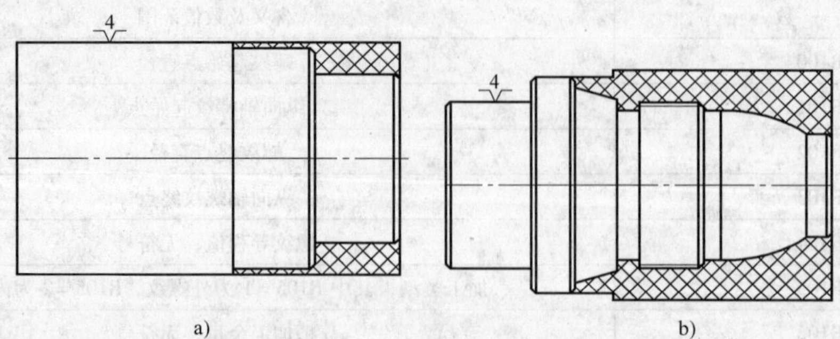

图 3-11 工序简图（轴三）

四、选择刀具和切削用量

1. 选择刀具

（1）93°外圆车刀　刀尖角 55°。

（2）切槽刀　刀宽 4mm。

（3）外螺纹车刀　刀尖角为 60°（见图 3-12）。

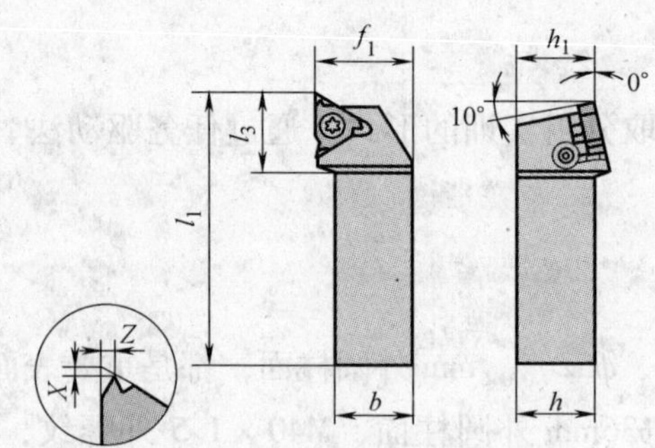

图 3-12 外螺纹车刀

2. 确定切削用量

（1）外圆柱面、外圆锥面、倒角

粗加工：$n=800\text{r/min}$，$f=0.2\text{mm/r}$，$a_p=2\text{mm}$；

精加工：$n=1200\text{r/min}$，$f=0.08\text{mm/r}$，$a_p=0.5\text{mm}$。

（2）切槽、切断　$n=550\text{r/min}$，$f=0.05\text{mm/r}$，$a_p=4\text{mm}$。

（3）外螺纹　$n=600\text{r/min}$，$f=1.5\text{mm/r}$，$a_p=0.05\sim0.5\text{mm}$。

五、填写工艺文件（表 3-10、表 3-11）

表 3-10 数控加工刀具卡片

刀 具 号	刀 具 名 称	刀 具 参 数	被加工表面
1	93°外圆车刀	刀尖角 55°	零件外圆各表面
2	切槽刀	4mm	零件右端 5mm 退刀槽
3	外螺纹车刀	刀尖角 60°	M40 ×1.5 外螺纹

表 3-11　数控加工工序卡片

<table>
<tr><td colspan="3">数控加工工序卡片</td><td colspan="2">工　序　号</td><td colspan="4">工 序 内 容</td></tr>
<tr><td colspan="3" rowspan="2">（单位）</td><td colspan="2">零 件 名 称</td><td>材　　料</td><td>夹 具 名 称</td><td colspan="2">使 用 设 备</td></tr>
<tr><td colspan="2">轴</td><td>45 钢</td><td>三爪自定心卡盘</td><td colspan="2">数控车床</td></tr>
<tr><td>工步号</td><td>程序号</td><td>工 步 内 容</td><td>刀具号</td><td>刀 具 规 格</td><td>主轴转速
$n/(\mathrm{r/min})$</td><td>进给量
$f/(\mathrm{mm/r})$</td><td>背吃刀量
a_p/mm</td><td>备　　注</td></tr>
<tr><td>1</td><td rowspan="3">O0001</td><td>车端面</td><td>T1</td><td></td><td>600</td><td>0.1</td><td>0.2</td><td></td></tr>
<tr><td>2</td><td>粗车外轮廓</td><td>T1</td><td></td><td>800</td><td>0.2</td><td>2</td><td></td></tr>
<tr><td>3</td><td>精车外轮廓</td><td>T1</td><td></td><td>1200</td><td>0.08</td><td>0.5</td><td></td></tr>
<tr><td>4</td><td colspan="8">调头，找正</td></tr>
<tr><td>5</td><td rowspan="5">O0002</td><td>车端面</td><td>T1</td><td></td><td>600</td><td>0.1</td><td>0.2</td><td></td></tr>
<tr><td>6</td><td>粗车外轮廓</td><td>T1</td><td></td><td>800</td><td>0.2</td><td>2</td><td></td></tr>
<tr><td>7</td><td>精车外轮廓</td><td>T1</td><td></td><td>1200</td><td>0.08</td><td>0.5</td><td></td></tr>
<tr><td>8</td><td>切槽</td><td>T2</td><td></td><td>550</td><td>0.05</td><td>4</td><td></td></tr>
<tr><td>9</td><td>车外螺纹</td><td>T3</td><td></td><td>600</td><td>1.5</td><td>0.05~0.5</td><td></td></tr>
<tr><td colspan="2">编　　制</td><td colspan="4">审　　核</td><td colspan="3">第　　页　　共　　页</td></tr>
</table>

六、编制数控车削加工程序（参考）

1. FANUC 0i Mate-TC 程序

O0001（见图 3-11a）	
N010 M03 S800	N090 G01 Z-20
N020 T0101	N100 G01 X50
N030 G00 X56 Z1	N110 G01 X52 Z-21
N040 G71 U2 R1	N120 G01 Z-40
N050 G71 P60 Q120 F0.2	N130 G70 P60 Q120 S1200 F0.08
N060 G00 X38	N140 G00 X100 Z100
N070 G01 Z0	N150 M05
N080 G01 X40 Z-1	N160 M30
O0002（见图 3-11b）	
N010 M03 S800	N080 G01 X25 Z-1
N020 T0101	N090 G01 Z-6
N030 G00 X56 Z1	N100 G03 X36 Z-26 R40
N040 G71 U2 R1	N110 G01 Z-30
N050 G71 P60 Q170 F0.2	N120 G01 X37.8
N060 G00 X23	N130 G01 X39.8 Z-31
N070 G01 Z0	N140 G01 Z-50

（续）

N150 G01 X47 Z-60	N270 G00 Z-48.5
N160 G01 X50	N280 G01 X36
N170 G01 X54 Z-62	N290 G00 X100
N180 G70 P60 Q170 S1200 F0.08	N300 G00 Z100
N190 G00 X100 Z100	N310 T0303
N200 T0202	N320 G00 X56 Z1
N210 M03 S500	N330 X42
N220 G00 X56 Z1	N340 G76 P010060 Q50 R0.05
N230 G00 Z-50	N350 G76 X38.05 Z-47 R0 P975 Q400 F1.5
N240 G00 X42	N360 G00 X100 Z100
N250 G01 X36 F0.05	N370 M05
N260 G00 X42	N380 M30

2. HNC-21T 程序

%0001（见图 3-11a）	
N010 G90 G95 M43	N090 G01 X40 Z-1
N020 M03 S800	N100 Z-20
N030 T0101	N110 X50
N040 G00 X56 Z1	N120 X52 Z-21
N050 G71 U2 R1 P60 Q130 X0.5 S800 F0.2	N130 Z-40
N060 G00 X38 S1200	N140 G00 X100 Z100
N070 Z1	N150 M05
N080 G01 Z0 F0.08	N160 M30
%0002（见图 3-11b）	
N010 G90 G95 M43	N150 Z-50
N020 M03 S800	N160 X47 Z-60
N030 T0101	N170 X50
N040 G00 X56 Z1	N180 X54 Z-62
N050 G71 U2 R1 P60 Q180 X0.5 S800 F0.2	N190 G00 X100 Z100
N060 G00 X23 S1200	N200 T0202
N070 Z1	N210 M03 S500
N080 G01 Z0 F0.08	N220 G00 X56 Z1
N090 G01 X25 Z-1	N230 Z-50
N100 Z-6	N240 X42
N110 G03 X36 Z-26 R40	N250 G01 X36 F0.05
N120 G01 Z-30	N260 G00 X42
N130 X37.8	N270 Z-48.5
N140 X39.8 Z-31	N280 G01 X36

（续）

N290 G00 X100	N340 G76 C2 A60 X38.05 Z－47 K0.975 U0.05 V0.05 Q0.5 F1.5
N300 　　Z100	N350 G00 X100 Z100
N310 T0303	N360 M05
N320 G00 X56 Z1	N370 M30
N330 　X42	

3. SINUMERIK 802S/C 程序

XM331. MPF（见图 3-11a）	
N010 G90 G95 M43	N060 R105＝9 R106＝0.25 R108＝2 R109＝0 R110＝1 R111＝0.2 R112＝0.08
N020 M03 S800	N070 LCYC95
N030 T1D1 M08	N080 G00 X100 Z100 M9
N040 G00 X56 Z1	N090 M05
N050 __ CNAME＝"AA3"	N100 M2
AA3. SPF（“XM331. MPF”轮廓子程序）	
N060 G00 X38 S1200	N110 　X50
N070 　　Z1	N120 　X52 Z－21
N080 G01 　Z0 F0.08	N130 　　Z－40
N090 G01 X40 Z－1	N140 M17
N100 　　Z－20	

XM332. MPF（见图 3-11b）	
N010 G90 G95 M43	N150 G00 X42
N020 M03 S800	N160 　　Z－48.5
N030 T1D1 M08	N170 G01 X36
N040 G00 X56 Z1	N180 G00 X100
N050 __ CNAME＝"AA4"	N190 　　Z100
N060 R105＝9 R106＝0.5 R108＝2 R109＝0 R110＝1 R111＝0.2 R112＝0.08	N200 T3D3
N070 LCYC95	N210 G00 X56 Z1
N080 G00 X100 Z100	N220 　X42
N090 T2D2	N230 R100＝38.05 R101＝－20 R102＝38.05 R103＝－47 R104＝1.5 R105＝1 R106＝0.1 R109＝5 R110＝2 R111＝0.975 R112＝0 R113＝5 R114＝1
N100 M03 S500	N240 LCYC97
N110 G00 X56 Z1	N250 G00 X100 Z100 M09
N120 　　Z－50	N260 M05
N130 　X42	N270 M02
N140 G01 X36 F0.05	

（续）

AA4. SPF（“XM332. MPF”轮廓子程序）			
N060 G00 X23 S1200		N130	X37. 8
N070	Z1	N140	X39. 8 Z – 31
N080 G01	Z0 F0. 08	N150	Z – 50
N090 G01 X25 Z – 1		N160	X47 Z – 60
N100	Z – 6	N170	X50
N110 G03 X36 Z – 26 CR = 40		N180	X54 Z – 62
N120 G01	Z – 30	N190 M17	

【完成学习工作页】（表 3-12、表 3-13）

表 3-12 工具和量具清单

组别			项目名称				
零件图号			零件名称				
种类	序号	名称	规格	精度	单位	数量	
工具							
量具							
编制			审核		日期		

表 3-13 零件评分表

班级				姓名		
序号	项目	配分		得分		备注
		IT	R_a	IT	R_a	
1	$\phi40_{-0.039}^{0}$mm	5	2			超差不得分
2	$\phi52_{-0.046}^{0}$mm	5	2			超差不得分
3	$\phi25_{-0.033}^{0}$mm	5	2			超差不得分
4	M40 × 1. 5	8	4			超差不得分
5	R40mm 圆弧	3	2			超差不得分

（续）

序　号	项　　目	配　　分		得　　分		备　　注
		IT	R_a	IT	R_a	
6	退刀槽5mm×2mm	3	2			超差不得分
7	锥面	3	2			超差不得分
8	长度90mm±0.05mm	5				超差不得分
9	同轴度	3				超差不得分
10	倒角4处	2				超差不得分
11	其余表面		2			超差不得分
12	程序编制	10				酌情扣分
13	机床操作	10				酌情扣分
14	装刀对刀	5				酌情扣分
15	量具使用	5				酌情扣分
16	安全文明操作	10				酌情扣分
合　　计		100				

【知识拓展】

零件图样上尺寸数据的给出应符合编程方便的原则；零件图上尺寸标注方法应适应数控加工的特点；在数控加工零件图上，应以同一基准引注尺寸或直接给出坐标尺寸。这种标注方法既便于编程，也便于尺寸之间的相互协调，在保持设计基准、工艺基准、检测基准与编程原点设置的一致性方面带来很大方便。

【教学评价】（表3-14、表3-15、表3-16）

表3-14　学生自评表

班　　级			姓　　名	
项目名称			组　　别	
考核项目	考核内容		满　　分	得　　分
社会能力	尊敬师长、尊重同学		5	
	相互协作		5	
	主动帮助他人		5	
	办事能力		5	
方法能力	出勤	迟到	3	
		早退	3	
		旷课	4	
	能独立思考、解决问题		5	
	创新能力		5	

（续）

考核项目	考核内容	满　分	得　分
专业能力	安全规范意识	5	
	5S 遵守情况	5	
	零件加工分析能力	10	
	工艺处理能力	10	
	仿真验证能力	10	
	实操能力	10	
	零件检验能力	10	
合　计		100	
自我评价			

表 3-15　小组成员互评表

被评价学生		承担任务	
考核项目	考核内容	满　分	得　分
社会能力	尊敬师长	5	
	尊重同学	5	
	团队协作	10	
	主动帮助他人	10	
方法能力	创新能力	10	
	学习态度认真	10	
	能独立思考、解决问题	10	
专业能力	所承担的工作量	20	
	理论及实操能力	10	
	5S 遵守情况	10	
	合　计	100	
评　语			
评 价 人		学　号	

表 3-16　教师评价表

班　级		姓　名		
项目名称		组　别		
评分内容		分　值	得　分	备　注
资　讯	起始情况评价	5		
	收集信息评价	5		

（续）

评分内容		分 值	得 分	备 注
计 划	工作计划情况	5		
决 策	解决问题情况	5		
实 施	零件加工分析	5		
	确定装夹方案	5		
	刀具正确选用及安装	5		
	确定加工方案	5		
	切削参数选用	5		
	编制加工工艺文件	5		
	编写加工程序	5		
	仿真加工验证	5		
	实际加工	5		
检 查	零件检测	10		
	上交文件齐全、正确	5		
评 价	完成工作量	5		
	工作效率及文明施工	5		
	学生自我评价	5		
	同组学生的评价	5		
总 分		100		

评价教师		评 语	

【学后感言】

【思考与练习】

1. 如图3-13所示，根据图样要求，进行零件加工分析，确定装夹方式和加工方案，选择刀具和切削用量，填写工艺文件，编制加工程序，并完成零件加工。

2. 如图3-14所示，根据图样要求，进行零件加工分析，确定装夹方式和加工方案，选择刀具和切削用量，填写工艺文件，编制加工程序，并完成零件加工。

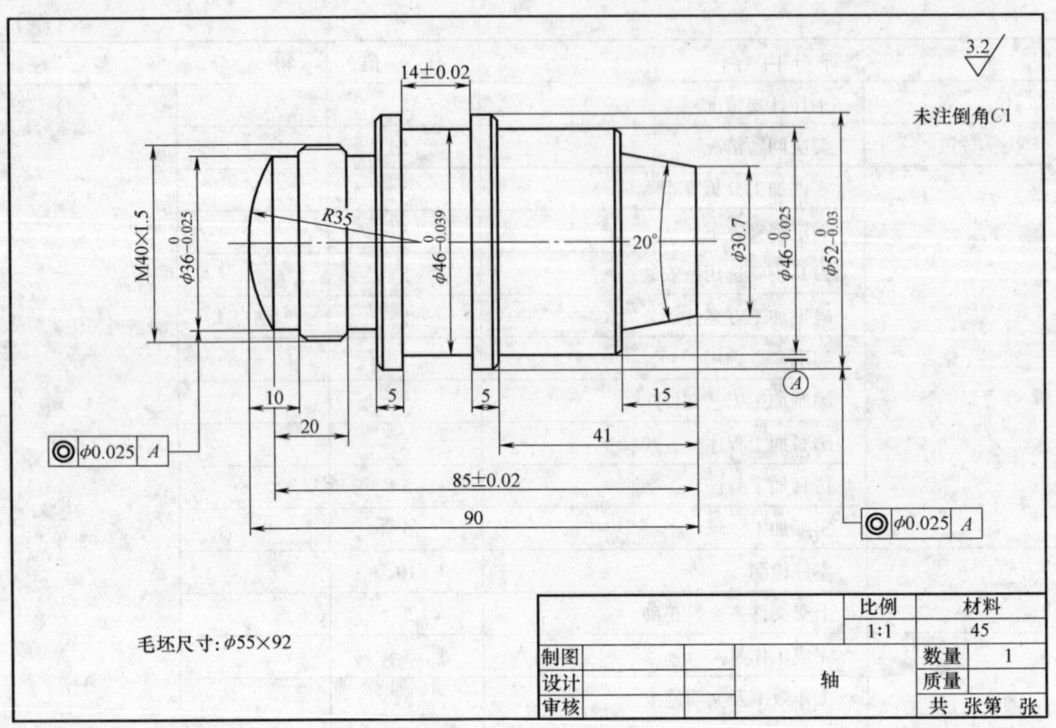

图 3-13 轴加工示例（一）

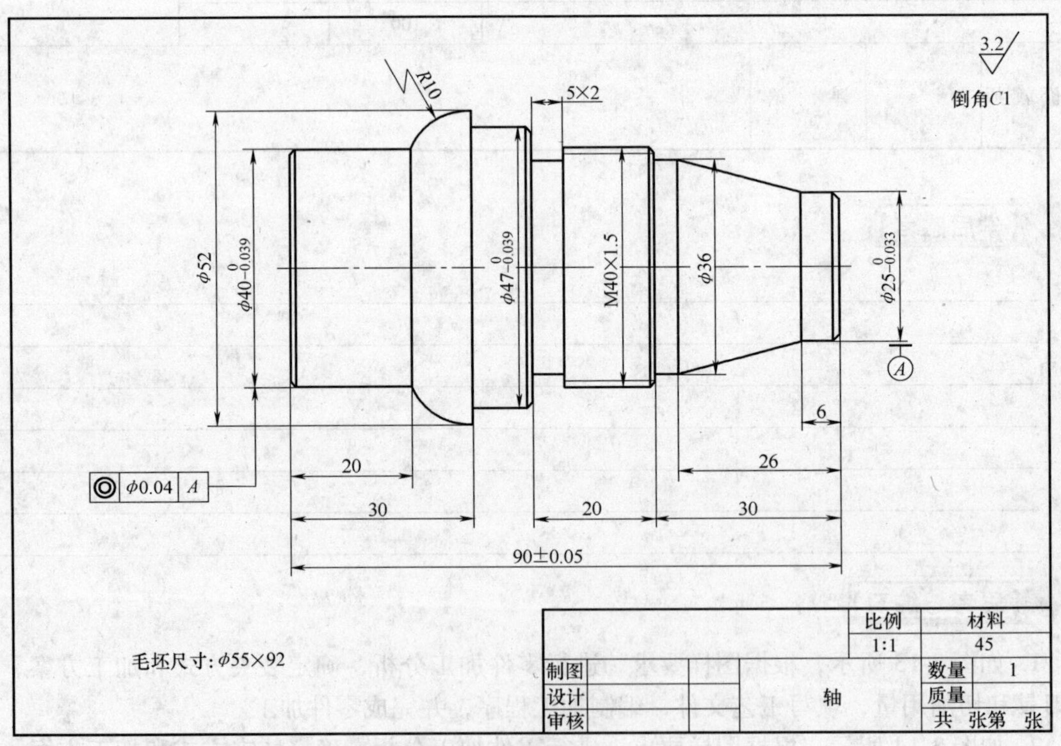

图 3-14 轴加工示例（二）

项 目 4

套类零件的数控车削加工

本项目通过完成三个套类零件的数控车削加工，使学生掌握套类零件的加工特点，能正确选择加工刀具，学会编制套类零件的加工工艺和数控车削加工程序，并填写完整的工艺文件。

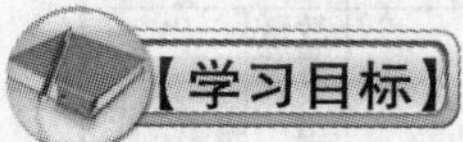

【学习目标】

知识目标：

1. 了解套类零件的加工特点。
2. 了解套类零件的装夹方法。
3. 掌握套类零件的加工方法。
4. 了解套类零件的加工工艺知识。

技能目标：

1. 会正确选择和使用孔加工刀具。
2. 会正确使用量具进行孔径测量。
3. 会编制套类零件的加工工艺。
4. 能按图样要求加工出合格的套类零件。

【工作任务】

任务 1　内圆柱面的数控车削加工

任务 2　内成形面的数控车削加工

任务 3　螺纹套筒的数控车削加工

任务 1　内圆柱面的数控车削加工

根据图 4-1a 的要求，进行零件加工分析，确定装夹方式和加工方案，选择刀具和切削用量，填写工艺文件，编制加工程序，并完成零件加工。零件立体图见图 4-1b。

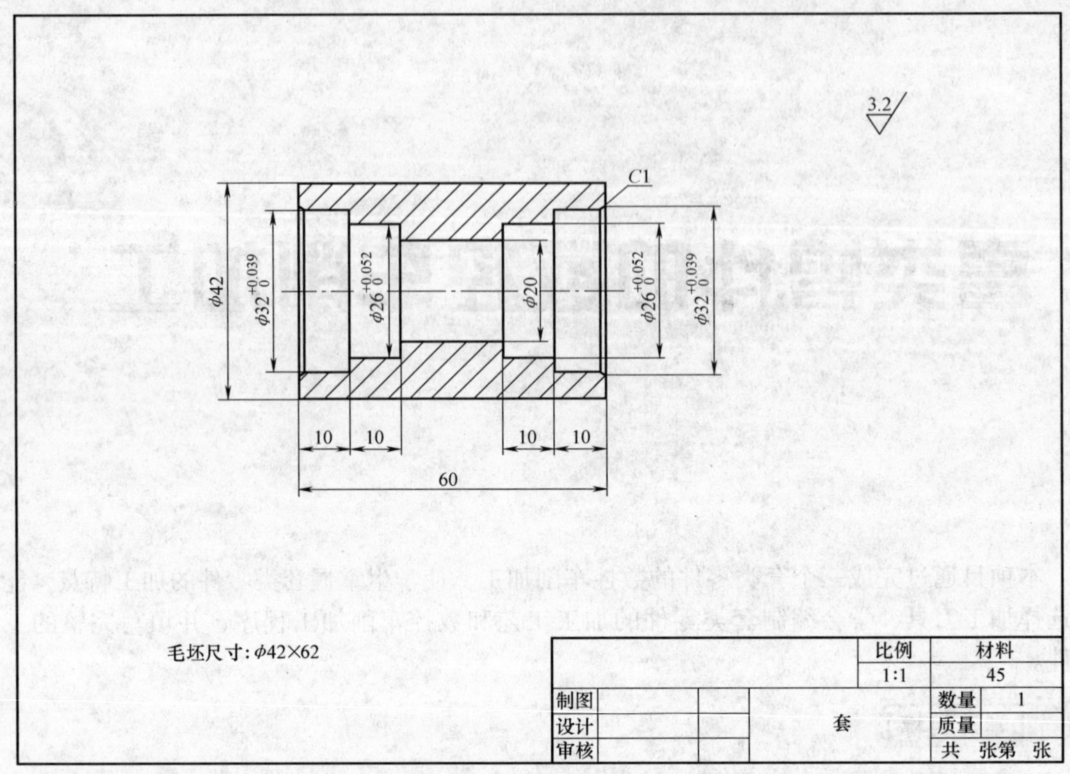

a)

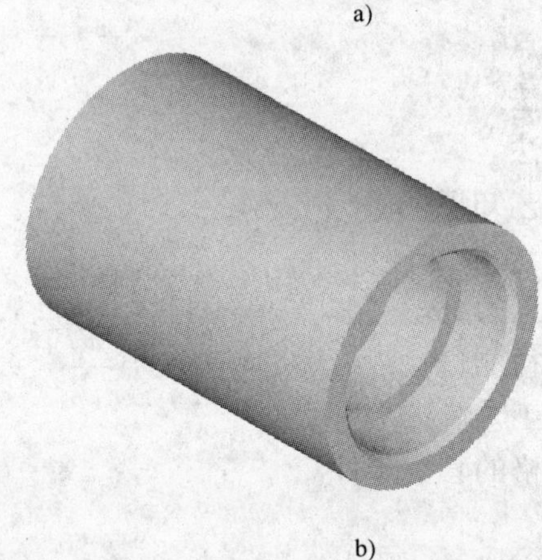

b)

图 4-1 套（内圆柱面加工）

a）零件图 b）立体图

一、套类零件的功用及结构特点

套类零件指回转体零件中的空心件，它是机械加工中常见的一种零件，在各类机器中应用很广，主要起支承或导向作用。套类零件的结构与尺寸随其用途不同而异，其结构一般都具有以下特点：

1）内孔与外圆直径之差较小，故壁薄易变形。

2）内、外圆回转面的同轴度要求较高。

二、套类零件的技术要求

套类零件的外圆表面多以过盈或过渡配合的形式与机架或箱体孔相配合，起支承作用。内孔主要起导向作用或支承作用，常与运动轴、主轴、活塞、滑阀相配合。有些套筒的端面或凸缘端面有定位或承受载荷的作用。根据使用情况，可对套类零件的外圆与内孔提出如下要求：

（1）内孔与外圆的精度要求　外圆直径精度通常为IT5～IT7，表面粗糙度 R_a 值为3.2～0.4μm；要求内孔尺寸精度一般为IT6～IT7，为保证其耐磨性要求，对表面粗糙度要求较高，R_a 值为2.5～0.16μm。

（2）几何形状精度要求　通常将外圆与内孔的几何形状精度控制在直径公差以内即可；对精密轴套，有时控制在孔径公差的1/2～1/3，甚至更严。对于较长套筒，除圆度有要求以外，还应有孔的圆柱度要求。外圆形状精度一般应在外径公差内。

（3）位置精度要求　位置精度要求主要应根据套类零件在机器中的功用和要求而定。如果内孔的最终加工是在套筒装配（如机座或箱体等）之后进行时，可降低对套筒内、外圆表面的同轴度要求；如果内孔的最终加工是在装配之前进行时，则同轴度要求较高，通常同轴度公差为0.01～0.06mm。套筒端面（或凸缘端面）常用来定位或承受载荷，因而对端面与外圆和内孔轴线的垂直度要求较高，一般垂直度公差为0.05～0.02mm。

【任务实施】

教学组织实施建议：采取分组实训的形式，通过任务驱动法、小组讨论法、讲授法、演示法等组织教学。

一、零件加工分析

零件由 $\phi42$mm 外圆柱面，$\phi26^{+0.052}_{0}$ mm、$\phi32^{+0.039}_{0}$ mm 内孔组成，其中 $\phi26^{+0.052}_{0}$ mm、$\phi32^{+0.039}_{0}$ mm 内孔是重要表面，$\phi42$mm 外圆柱面不加工。材料为45钢，毛坯尺寸为 $\phi42$mm × 62mm；材料易于加工，选择合理的切削参数及刀具可以获得表面粗糙度 R_a 值3.2μm。

二、确定装夹方案

毛坯为45钢棒料，尺寸为 $\phi42$mm ×62mm，选用三爪自定心卡盘装夹。

三、确定加工方案

1）装夹工件，外露30mm（见图4-2a）。

2）钻孔 $\phi20$mm，深62mm。

3）车端面，见平即可，并对刀。

4）车 $\phi32^{+0.039}_{0}$ mm、$\phi26^{+0.052}_{0}$ mm 内孔至尺寸，倒角 $C1$ 一处。

5）调头（见图4-2b），装夹外圆柱面，外露30mm。

6）车端面，保证总长60mm。

7）车 $\phi32^{+0.039}_{0}$ mm、$\phi26^{+0.052}_{0}$ mm 内孔至尺寸，倒角 $C1$ 一处，工件完成。

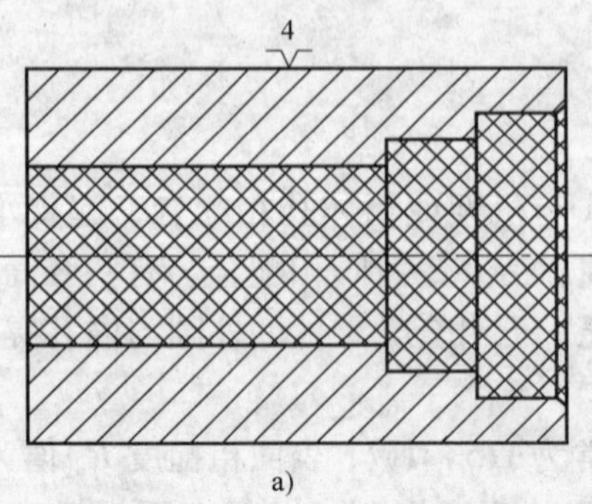

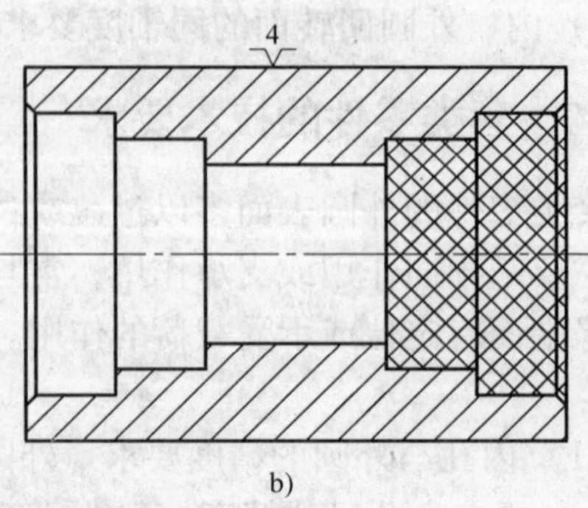

图 4-2　工序简图（内圆柱面加工）

四、选择刀具和切削用量

1. 确定刀具

（1）麻花钻　$\phi20$mm，见图 4-3。

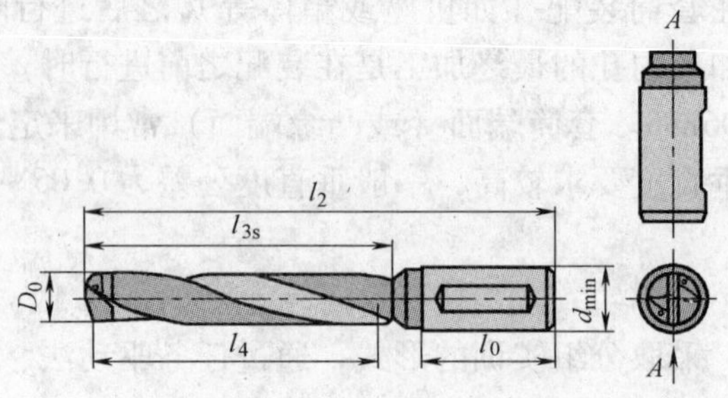

图 4-3　麻花钻

（2）93°外圆车刀　刀尖角 55°，见图 2-12。

（3）内孔车刀　$\phi20$mm，见图 4-4。

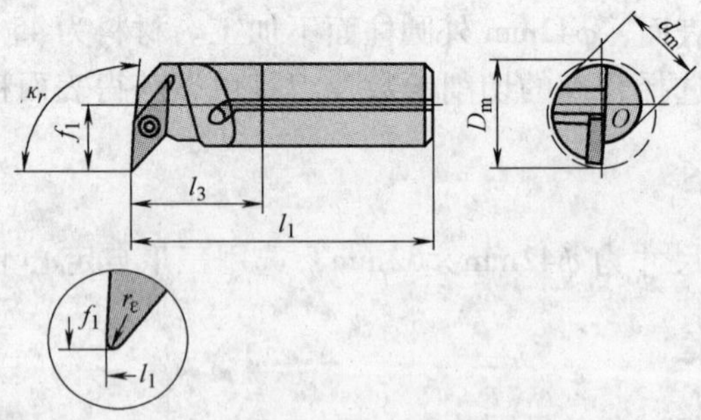

图 4-4　内孔车刀

2. 确定切削用量

（1）钻孔　$n = 450$r/min。

（2）内孔

粗加工：$n = 800\text{r/min}$，$f = 0.2\text{mm/r}$，$a_p = 1\text{mm}$；

精加工：$n = 1000\text{r/min}$，$f = 0.1\text{mm/r}$，$a_p = 0.5\text{mm}$。

五、填写工艺文件（表4-1、表4-2）

表4-1 数控加工刀具卡片

序号	刀具名称	刀具参数	被加工表面
1	麻花钻	ϕ20mm	ϕ20mm 孔
2	内孔车刀	ϕ20mm	$\phi26^{+0.052}_{0}$mm、$\phi32^{+0.039}_{0}$mm 内孔

表4-2 数控加工工序卡片

数控加工工序卡片			工序号		工序内容			
（单位）			零件名称		材料	夹具名称	使用设备	
			套		45钢	三爪自定心卡盘	数控车床	
工步号	程序号	工步内容	刀具号	刀具规格	主轴转速 n/(r/min)	进给量 f/(mm/r)	背吃刀量 a_p/mm	备注
1	O0001	钻孔		ϕ20mm	450			
2		车端面	T1	93°外圆车刀	800	0.1	0.2	
3		粗车内孔	T2	90°内孔车刀	800	0.2	2	
4		精车内孔	T2	90°内孔车刀	1000	0.1	0.5	
调头								
5	O0002	车端面	T1	93°外圆车刀	800	0.1	0.2	
6		粗车内孔	T2	90°内孔车刀	800	0.2	2	
7		精车内孔	T2	90°内孔车刀	1000	0.1	0.5	

六、编制数控车削加工程序（参考）

1. FANUC 0i Mate-TC 程序

O0001（见图4-2a）	
N010 M03 S800	N090 G01 Z-10
N020 T0202	N100 G01 X26
N030 G00 X18 Z1	N110 G01 Z-20
N040 G71 U1 R0.5	N120 G01 X19
N050 G71 P60 Q120 U-0.5 F0.2	N130 G70 P60 Q120 S1000 F0.1
N060 G00 X34	N140 G00 X100 Z100
N070 G01 Z0	N150 M05
N080 G01 X32 Z-1	N160 M30

（续）

O0002（见图 4-2b）	
N010 M03 S800	N090 G01 Z－10
N020 T0202	N100 G01 X26
N030 G00 X18 Z1	N110 G01 Z－20
N040 G71 U1 R0.5	N120 G01 X19
N050 G71 P60 Q120 U-0.5 F0.2	N130 G70 P60 Q120 S1000 F0.1
N060 G00 X34	N140 G00 X100 Z100
N070 G01 Z0	N150 M05
N080 G01 X32 Z－1	N160 M30

2. HNC-21T 程序

%0001（见图 4-2a）	
N010 G90 G95	N090 G01 Z－10
N020 M03 S800	N100 G01 X26
N030 T0202	N110 G01 Z－20
N040 G00 X18 Z1	N120 G01 X19
N050 G71 U1 R0.5 P60 Q120 X-0.5 F0.2	N130 G00 X100 Z100
N060 G00 X34 S1000 F0.1	N140 M05
N070 G01 Z0	N150 M30
N080 G01 X32 Z－1	
%0002（见图 4-2b）	
N010 G90 G95	N090 G01 Z－10
N020 M03 S800	N100 G01 X26
N030 T0202	N110 G01 Z－20
N040 G00 X18 Z1	N120 G01 X19
N050 G71 U1 R0.5 P60 Q120 X-0.5 F0.2	N130 G00 X100 Z100
N060 G00 X34 S1000 F0.1	N140 M05
N070 G01 Z0	N150 M30
N080 G01 X32 Z－1	

3. SINUMERIK 802S/C 程序

XM411.MPF（见图 4-2a）	
N010 G90 G95	N060 R105＝11 R106＝0.25 R108＝1 R109＝0 R110＝0.5 R111＝0.2 R112＝0.1
N020 M03 S800	N070 LCYC95
N030 T2D2	N080 G00 X100 Z100
N040 G00 X18 Z1	N090 M05
N050 _CNAME＝"AA5"	N100 M2

（续）

AA5. SPF（“XM411. MPF”的轮廓子程序）	
N060 G00 X34 S1000 F0. 1	N100 G01 X26
N070 G01 Z0	N110 G01 Z-20
N080 G01 X32 Z-1	N120 G01 X19
N090 G01 Z-10	N130 M17
XM412. MPF（见图 4-2b）	
N010 G90 G95	N060 R105 = 11 R106 = 0. 25 R108 = 1 R109 = 0 R110 = 0. 5 R111 = 0. 2 R112 = 0. 1
N020 M03 S800	N070 LCYC95
N030 T2D2	N080 G00 X100 Z100
N040 G00 X18 Z1	N090 M05
N050 _CNAME = "AA6"	N100 M2
AA6. SPF（“XM412. MPF”的轮廓子程序）	
N060 G00 X34 S1000 F0. 1	N100 G01 X26
N070 G01 Z0	N110 G01 Z-20
N080 G01 X32 Z-1	N120 G01 X19
N090 G01 Z-10	N130 M17

【完成学习工作页】（表4-3、表4-4）

表4-3 工具和量具清单

组别			项目名称			
零件图号			零件名称			
种类	序号	名称	规格	精度	单位	数量
工具						
量具						
编制		审核		日期		

表 4-4 零件评分表

班级				姓名		
序号	项目	配分		得分		备注
		IT	R_a	IT	R_a	
1	$\phi26^{+0.052}_{0}$ mm	8	4			超差不得分
2	$\phi32^{+0.039}_{0}$ mm	8	4			超差不得分
3	$\phi26^{+0.052}_{0}$ mm	8	4			超差不得分
4	$\phi32^{+0.039}_{0}$ mm	8	4			超差不得分
5	深度 10mm	2				超差不得分
6	深度 10mm	2				超差不得分
7	长度 60mm	2				超差不得分
8	倒角 2 处	2				超差不得分
9	其余表面		4			超差不得分
10	程序编制	10				酌情扣分
11	机床操作	10				酌情扣分
12	装刀、对刀	5				酌情扣分
13	量具使用	5				酌情扣分
14	安全文明操作	10				酌情扣分
	合计	100				

任务 2 内成形面的数控车削加工

根据图 4-5a 的要求，进行零件加工分析，确定装夹方式和加工方案，选择刀具和切削用量，填写工艺文件，编制加工程序，并完成零件加工。零件立体图见图 4-6b。

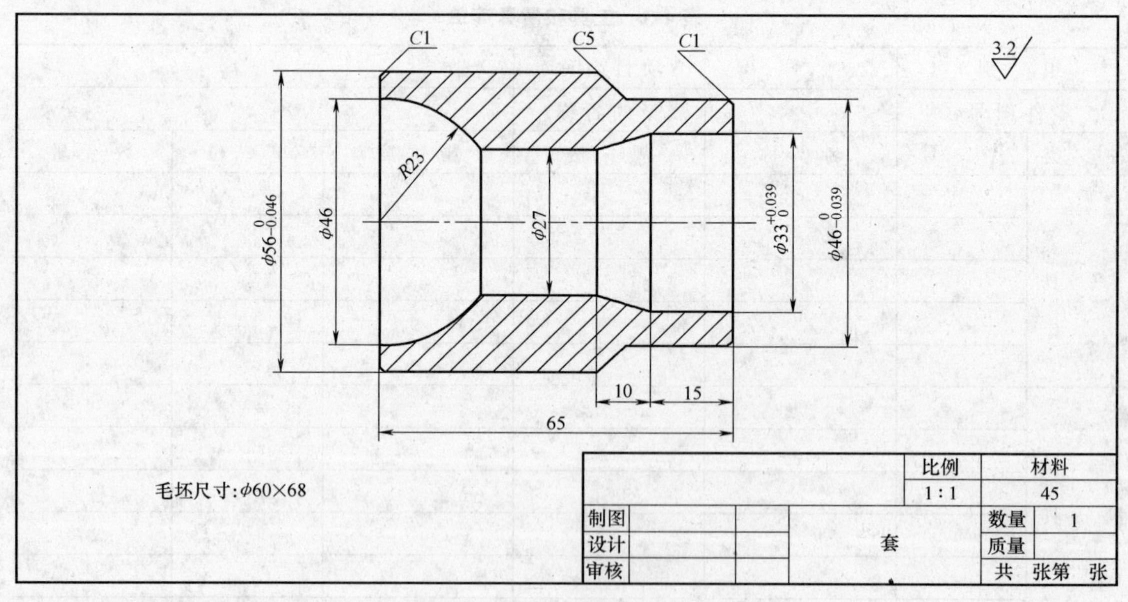

a）

图 4-5 套（内成形面加工）

a）零件图

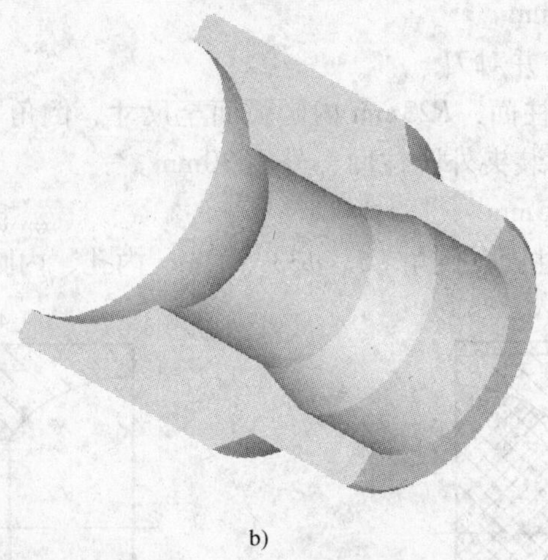

b)

图4-5　套（内成形面加工）（续）
b）立体图

【知识准备】

套类零件毛坯材料的选择主要取决于零件的功能要求、结构特点及使用时的工作条件，一般用钢、铸铁、青铜或黄铜和粉末冶金等材料制成。

套类零件毛坯制造方式的选择与毛坯的结构尺寸、材料和生产批量的大小等因素有关。孔径较大（一般直径大于20mm）时，常采用型材（如无缝钢管）、带孔的锻件或铸件；孔径较小（一般直径小于20mm）时，一般多选择热轧或冷拉棒料，也可采用实心铸件；大批量生产时，可采用冷挤压、粉末冶金等先进工艺，不仅节约原材料，而且生产率及毛坯质量精度均可提高。套类零件的热处理方法主要有渗碳淬火、表面淬火、调质、高温时效及渗氮。

【任务实施】

教学组织实施建议：采取分组实训的形式，通过任务驱动法、小组讨论法、讲授法、演示法等组织教学。

一、零件加工分析

零件由$\phi56_{-0.046}^{\ 0}$mm、$\phi46_{-0.039}^{\ 0}$mm外圆柱面、$C5$斜面、$\phi33_{\ 0}^{+0.039}$mm内孔、$R23$mm内圆弧面组成，其中$\phi56_{-0.046}^{\ 0}$mm、$\phi46_{-0.039}^{\ 0}$mm外圆柱面、$\phi33_{\ 0}^{+0.039}$mm内孔是重要表面。材料为45钢，毛坯尺寸为$\phi60$mm×68mm，材料易于加工，选择合理的切削参数及刀具可以获得表面粗糙度R_a值3.2μm。

二、确定装夹方案

毛坯为45钢棒料，尺寸为$\phi60$mm×68mm，选用三爪自定心卡盘装夹。

三、确定加工方案

1）装夹工件，外露45mm（见图4-6a）。

2）钻孔 $\phi27$mm，深 68mm。

3）车端面，见平即可；并对刀。

4）车 $\phi56_{-0.046}^{0}$mm 外圆柱面，$R23$mm 内圆弧面至尺寸，倒角 $C1$ 一处。

5）调头（见图 4-6b），装夹外圆柱面，外露 30mm。

6）车端面，保证总长 65mm。

7）车 $\phi46_{-0.039}^{0}$mm 外圆柱面、倒角 $C5$、$\phi33_{0}^{+0.039}$mm 内孔、内圆锥面至尺寸，工件完成。

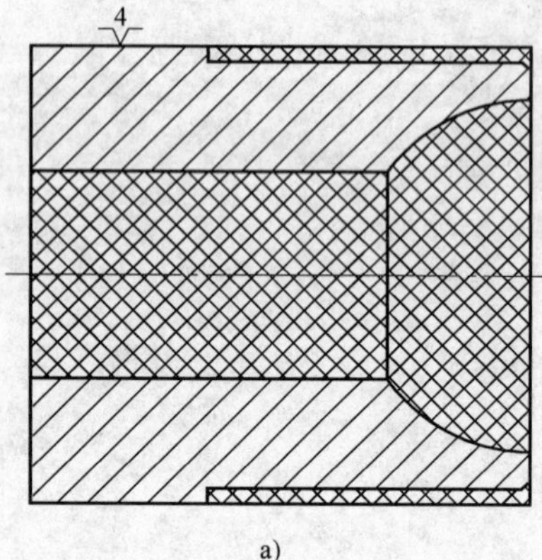

a)

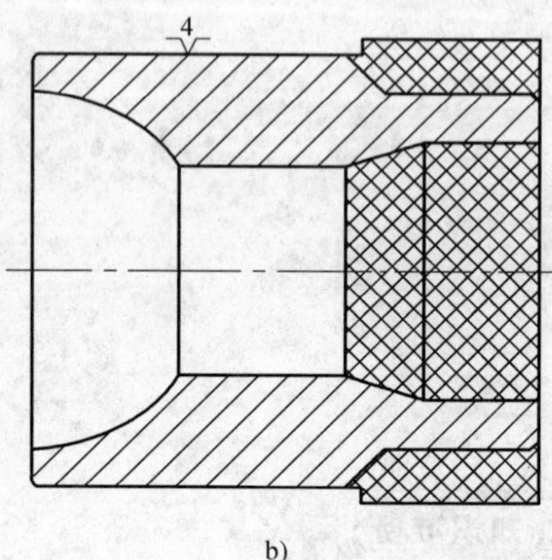

b)

图 4-6 工序简图（内成形面加工）

四、选择刀具和切削用量

1. 确定刀具

（1）麻花钻 直径 $\phi27$mm，见图 4-3。

（2）93°外圆车刀 刀尖角 55°，见图 2-12。

（3）内孔车刀 直径 $\phi20$mm，见图 4-4。

2. 确定切削用量

（1）外圆

粗加工：$n=800$r/min，$f=0.2$mm/r，$a_p=2$mm；

精加工：$n=1200$r/min，$f=0.08$mm/r，$a_p=0.5$mm。

（2）内孔

粗加工：$n=800$r/min，$f=0.2$mm/r，$a_p=1$mm；

精加工：$n=1000$r/min，$f=0.1$mm/r，$a_p=0.5$mm。

五、填写工艺文件（表 4-5、表 4-6）

表 4-5 数控加工刀具卡片

刀具序号	刀 位 点	刀具名称	刀具参数	被加工表面
1		93°外圆车刀	刀尖角 55°	零件外圆各表面
2		麻花钻	$\phi27$mm	$\phi27$mm 孔
3	2	内孔车刀	$\phi20$mm	$R23$mm 内圆弧、$\phi33_{0}^{+0.039}$mm 内孔

表 4-6　数控加工工序卡片

数控加工工序卡片			工 序 号		工序内容			
(单位)			零件名称		材　料	夹具名称	使用设备	
			套		45 钢	三爪自定心卡盘	数控车床	
工步号	程序号	工步内容	刀具号	刀具规格	主轴转速 n/(r/min)	进给量 f/(mm/r)	背吃刀量 a_p/mm	备　注
1		钻孔		ϕ27mm	450			
2	O0001	车端面	T1	93°外圆车刀	800	0.1	0.2	
3		粗车外圆	T1	93°外圆车刀	800	0.2	2	
4		精车外圆	T1	93°外圆车刀	1200	0.08	0.5	
5		粗车内孔	T2	90°内孔车刀	800	0.2	2	
6		精车内孔	T2	90°内孔车刀	1000	0.1	0.05	
调头								
7	O0002	车端面	T1	93°外圆车刀	800	0.1	0.2	
8		粗车外圆	T1	93°外圆车刀	800	0.2	2	
9		精车外圆	T1	93°外圆车刀	1200	0.08	0.5	
10		粗车内孔	T2	90°内孔车刀	800	0.2	2	
11		精车内孔	T2	90°内孔车刀	1000	0.1	0.5	

六、编制数控车削加工程序（参考）

1. FANUC 0i Mate-TC 程序

O0001（见图 4-6a）	
N010 M03 S800	N130 M03 S800
N020 T0101	N140 G00 X26 Z1
N030 G00 X61 Z1	N150 G71 U1 R0.5
N040 G00 X57	N160 G71 P170 Q190 U-0.5 F0.2
N050 G01 Z-42 F0.2	N170 G00 X46
N060 G00 X58 Z1	N180 G01 Z0
N070 S1200	N190 G03 X27 Z-18.62 R23
N080 G00 X54	N200 G70 P170 Q190 S1000 F0.1
N090 G01 X56 Z-1 F0.08	N210 G00 X100 Z100
N100 G01 Z-42	N220 M05
N110 G00 X100 Z100	N230 M30
N120 T0202	

（续）

O0002（见图 4-6b）	
N010 M03 S800	N130 T0202
N020 T0101	N140 M03 S800
N030 G00 X61 Z1	N150 G00 X26 Z1
N040 G71 U2 R1	N160 G71 U1 R0. 5
N050 G71 P60 Q100 U1 F0. 2	N170 G71 P180 Q200 U- 0. 5 F0. 2
N060 G00 X44	N180 G00 X33
N070 G01 Z0	N190 G01 Z – 15
N080 G01 X46 Z – 1	N200 G01 X27 Z – 25
N090 G01 Z – 20	N210 G70 P180 Q200 S1000 F0. 08
N100 G01 X56 Z – 25	N220 G00 X100 Z100
N110 G70 P60 Q100 S1200 F0. 08	N230 M05
N120 G00 X100 Z100	N240 M30

2. HNC-21T 程序

%0001（见图 4-6a）	
N010 G90 G95	N120 G00 X100 Z100
N020 M03 S800	N130 T0202
N030 T0101	N140 M03 S800
N040 G00 X61 Z1	N150 G00 X26 Z1
N050 G00 X57	N160 G71 U1 R0. 5 P170 Q190 X- 0. 5 F0. 2
N060 G01 Z – 42 F0. 2	N170 G00 X46 S1000 F0. 1
N070 G00 X58 Z1	N180 G01 Z0
N080 S1200	N190 G03 X27 Z – 18. 62 R23
N090 G00 X54	N200 G00 X100 Z100
N100 G01 X56 Z – 1 F0. 08	N210 M05
N110 G01 Z – 42	N220 M30
%0002（见图 4-6b）	
N010 G90 G95	N120 T0202
N020 M03 S800	N130 M03 S800
N030 T0101	N140 G00 X26 Z1
N040 G00 X61 Z1	N150 G71 U1 R0. 5 P160 Q180 X- 0. 5 F0. 2
N050 G71 U2 R1 P60 Q100 X1 F0. 2	N160 G00 X33 S1000 F0. 1
N060 G00 X44 S1200 F0. 08	N170 G01 Z – 15
N070 G01 Z0	N180 G01 X27 Z – 25
N080 G01 X46 Z – 1	N190 G00 X100 Z100
N090 G01 Z – 20	N200 M05
N100 G01 X56 Z – 25	N210 M30
N110 G00 X100 Z100	

3. SINUMERIK 802S/C 程序

XM421. MPF（见图 4-6a）	
N010 G90 G95	N120 G00 X100 Z100
N020 M03 S800	N130 T2D1
N030 T1D1	N140 M03 S800
N040 G00 X61 Z1	N150 G00 X26 Z1
N050 G00 X57	N160 _CNAME = "AA7"
N060 G01 Z -42 F0. 2	N170 R105 = 11 R106 = 0. 25 R108 = 1 R109 = 0 R110 = 0. 5 R111 = 0. 2 R112 = 0. 1
N070 G00 X58 Z1	N180 LCYC95
N080 S1200	N190 G00 X100 Z100
N090 G00 X54	N200 M05
N100 G01 X56 Z - 1 F0. 08	N210 M2
N110 G01 Z -42	

AA7. SPF（“XM421. MPF”的轮廓子程序）	
N170 G00 X46 S1000 F0. 1	N190 G03 X27 Z - 18. 62 CR = 23
N180 G01 Z0	N200 M17

XM422. MPF（见图 4-6b）	
N010 G90 G95	N100 M03 S800
N020 M03 S800	N110 G00 X26 Z1
N030 T1D1	N120 _CNAME = " AA9"
N040 G00 X61 Z1	N130 R105 = 11 R106 = 0. 25 R108 = 1 R109 = 0 R110 - 0. 5 R111 = 0. 2 R112 = 0. 1
N050 _CNAME = "AA8"	N140 LCYC95
N060 R105 = 9 R106 = 0. 5 R108 = 2 R109 = 0 R110 = 1 R111 = 0. 2 R112 = 0. 08	N150 G00 X100 Z100
N070 LCYC95	N160 M05
N080 G00 X100 Z100	N170 M2
N090 T2D1	

AA8. SPF（“XM422. MPF”的轮廓子程序 1）	
N060 G00 X44 S1200 F0. 08	N090 G01 Z - 20
N070 G01 Z0	N100 G01 X56 Z - 25
N080 G01 X46 Z - 1	N110 M17

AA9. SPF（“XM422. MPF”的轮廓子程序 2）	
N130 G00 X33 S1000 F0. 1	N150 G01 X27 Z - 25
N140 G01 Z - 15	N160 M17

【完成学习工作页】（表4-7、表4-8）

表4-7　工具和量具清单

组　别			项目名称			
零件图号			零件名称			
种　类	序　号	名　称	规　格	精　度	单　位	数　量
工　具						
量　具						
编　制			审　核		日　期	

表4-8　零件评分表

班　级				姓　名		
序　号	项　目	配分		得分		备　注
		IT	R_a	IT	R_a	
1	$\phi46_{-0.039}^{0}$mm	8	4			超差不得分
2	$\phi56_{-0.046}^{0}$mm	8	4			超差不得分
3	$\phi33_{0}^{+0.039}$mm	8	4			超差不得分
4	$R23$mm 圆弧	3	3			超差不得分
5	$C5$ 斜面	3	3			超差不得分
6	内锥面	3	2			超差不得分
7	长度65mm	3				超差不得分
8	倒角 $C1$ 两处	2				超差不得分
9	其余表面		2			超差不得分
10	程序编制	10				酌情扣分
11	机床操作	10				酌情扣分
12	装刀、对刀	5				酌情扣分
13	量具使用	5				酌情扣分
14	安全文明操作	10				酌情扣分
合　计		100				

任务3　螺纹套筒的数控车削加工

根据图4-7a的要求，进行零件加工分析，确定装夹方式和加工方案，选择刀具和切削用量，填写工艺文件，编制加工程序，并完成零件加工。零件立体图见图4-7b。

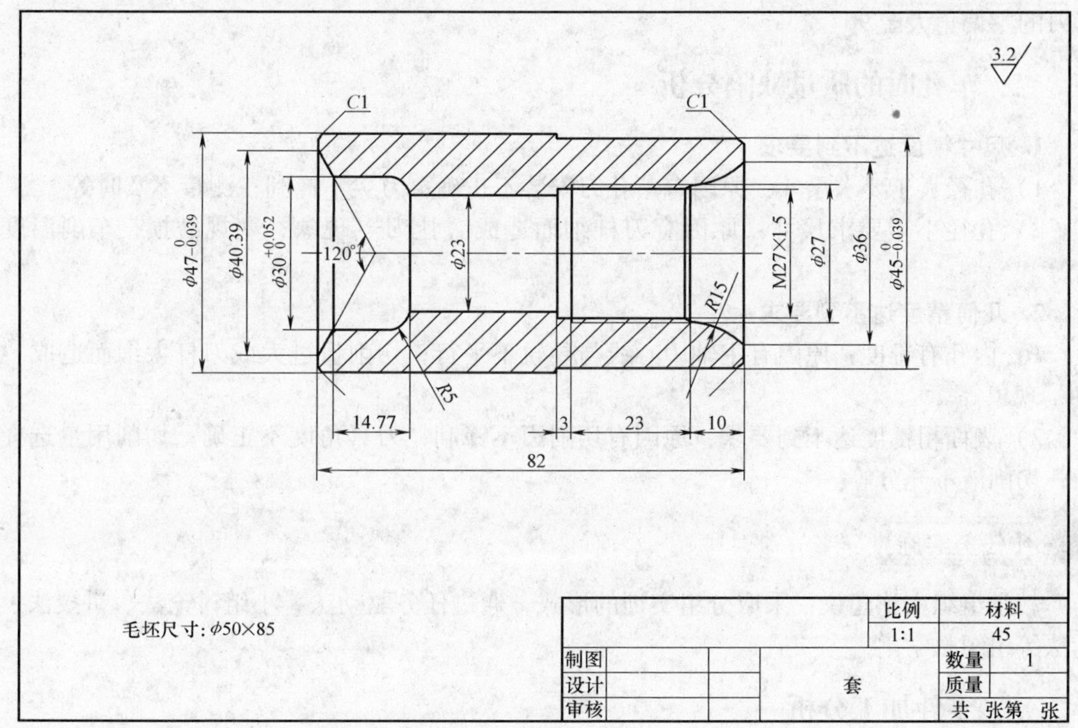

a)

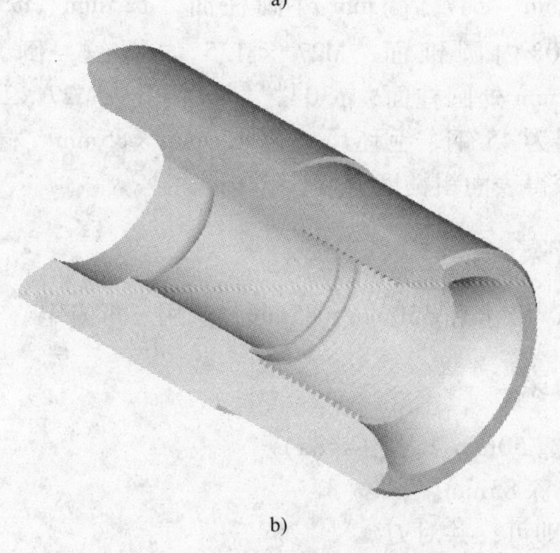

b)

图4-7　套（螺纹套筒加工）
a）零件图　b）立体图

一、车孔

在车床上对工件的孔进行车削的方法叫车孔，可以作粗加工，也可以作精加工。车孔分为车通孔和车不通孔。车通孔基本上与车外圆相同，只是进给和退刀方向相反。注意不通孔车刀的主偏角大于90°。

二、车孔时的质量缺陷分析

1. 尺寸精度达不到要求

1）孔径大于要求尺寸：原因有车孔刀安装不正确；刀尖不锋利；测量不及时等。

2）孔径小于要求尺寸：原因有刀杆细而造成“让刀”现象；塞规磨损；车削温度过高等。

2. 几何精度达不到要求

1）内孔有锥度：原因有主轴中心线与导轨不平行；切削量过大或刀杆太细而造成“让刀”现象等。

2）表面粗糙度达不到要求：原因有切削刃不锋利；刀具角度不正确；切削用量选择不当；切削液不充分等。

【任务实施】

教学组织实施建议：采取分组实训的形式，通过任务驱动法、小组讨论法、讲授法、演示法等组织教学。

一、零件加工分析

零件由$\phi45_{-0.039}^{0}$mm、$\phi47_{-0.039}^{0}$mm外圆柱面，$\phi23$mm、$\phi30_{0}^{+0.052}$mm内孔，$R15$mm，$R5$mm内圆弧面，120°内圆锥面，M27×1.5内螺纹，倒角$C1$两处组成，其中，$\phi45_{-0.039}^{0}$mm、$\phi47_{-0.039}^{0}$mm外圆柱面，$\phi30_{0}^{+0.052}$mm内孔，M27×1.5内螺纹为重要表面。零件需要两头加工。材料为45钢，毛坯尺寸为$\phi50$mm×85mm。材料易于加工，选择合理的切削参数及刀具可以获得表面粗糙度R_a值3.2μm。

二、确定装夹方案

毛坯为45钢棒料，尺寸为$\phi50$mm×85mm，选用三爪自定心卡盘装夹。

三、确定加工方案

1）装夹工件，外露50mm（见图4-8a）。

2）钻孔$\phi23$mm，深85mm。

3）车端面，见平即可，并对刀。

4）车$\phi47_{-0.039}^{0}$mm外圆柱面，倒角$C1$至尺寸。

5）车120°内圆锥面，$\phi30_{0}^{+0.052}$mm内孔，$R5$mm内圆弧面至尺寸。

6）调头（见图 4-8b），装夹 $\phi47_{-0.039}^{0}$mm 外圆柱面，外露 45mm。

7）车端面，保证总长 82mm。

8）车 $\phi45_{-0.039}^{0}$mm 外圆柱面，倒角 $C1$ 至尺寸。

9）车 $R15$mm 内圆弧面，M27×1.5 内螺纹底径至尺寸。

10）车 M27×1.5 内螺纹至尺寸，工件加工完成。

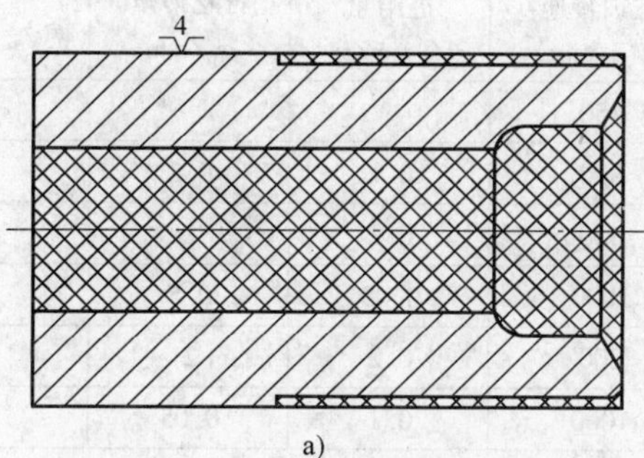

a)

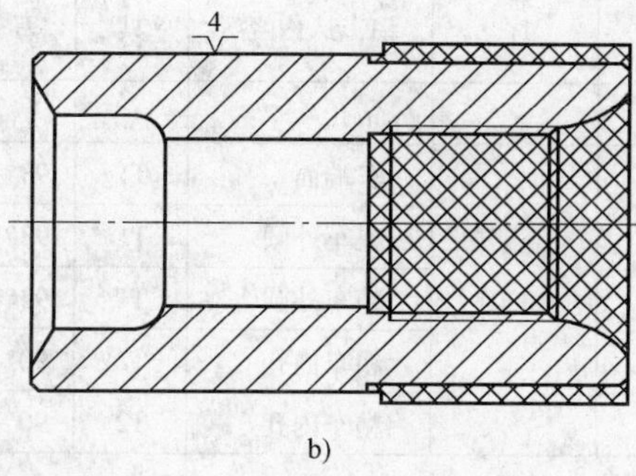

b)

图 4-8 工序简图（螺纹套筒）

四、选择刀具和切削用量

1. 确定刀具

（1）麻花钻 $\phi23$mm。

（2）93°外圆车刀 刀尖角 55°。

（3）内孔车刀 $\phi20$mm。

（4）内螺纹车刀 $\phi20$mm，如图 4-9 所示。

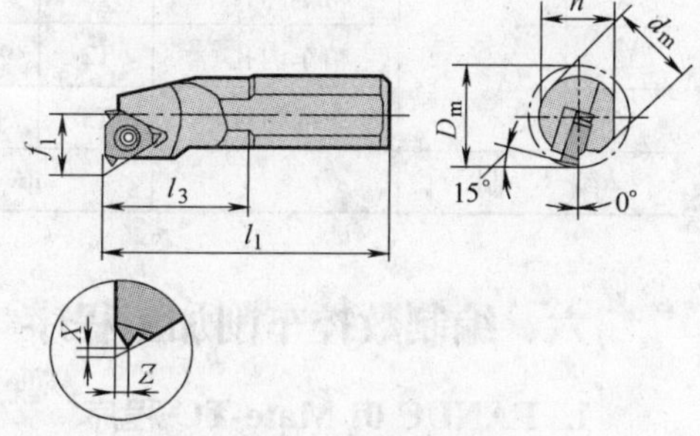

图 4-9 内螺纹车刀

2. 确定切削用量

（1）钻孔 $n=450$r/min。

（2）内孔

粗加工：$n=800$r/min，$f=0.2$mm/r，$a_p=1$mm；

精加工：$n=1000$r/min，$f=0.1$mm/r，$a_p=0.5$mm。

五、填写工艺文件（表 4-9、表 4-10）

表 4-9 数控加工刀具卡片

刀具序号	刀位点	刀具名称	刀具参数	被加工表面
1		麻花钻	$\phi23$mm	$\phi23$mm 孔
2		93°外圆车刀	刀尖角 55°	零件外圆各表面
3	2	内孔车刀	$\phi20$mm	$R5$mm 、$R15$mm 内圆弧、$\phi30_{0}^{+0.052}$mm 内孔、120°斜面、内螺纹底孔
4		内螺纹车刀	$\phi20$mm	M27×1.5 内螺纹

表 4-10 数控加工工序卡片

<table>
<tr><td colspan="3" rowspan="2">数控加工工序卡片</td><td colspan="2">工 序 号</td><td colspan="5">工序内容</td></tr>
<tr><td colspan="2"></td><td colspan="5"></td></tr>
<tr><td colspan="3" rowspan="2">（单位）</td><td colspan="2">零件名称</td><td>材 料</td><td colspan="2">夹具名称</td><td colspan="2">使用设备</td></tr>
<tr><td colspan="2">套</td><td>45 钢</td><td colspan="2"></td><td colspan="2">数控车床</td></tr>
<tr><td>工步号</td><td>程序号</td><td>工步内容</td><td>刀具号</td><td>刀具规格</td><td>主轴转速 n/(r/min)</td><td>进给量 f/(mm/r)</td><td>背吃刀量 a_p/mm</td><td colspan="2">备 注</td></tr>
<tr><td>1</td><td rowspan="6">O0001</td><td>钻孔</td><td></td><td>ϕ20mm</td><td>450</td><td></td><td></td><td colspan="2"></td></tr>
<tr><td>2</td><td>车端面</td><td>T1</td><td>93°外圆车刀</td><td>800</td><td>0.1</td><td>0.2</td><td colspan="2"></td></tr>
<tr><td>3</td><td>粗车外圆</td><td>T1</td><td>93°外圆车刀</td><td>800</td><td>0.2</td><td>2</td><td colspan="2"></td></tr>
<tr><td>4</td><td>精车外圆</td><td>T1</td><td>93°外圆车刀</td><td>1000</td><td>0.08</td><td>0.5</td><td colspan="2"></td></tr>
<tr><td>5</td><td>粗车内孔</td><td>T2</td><td>90°内孔车刀</td><td>800</td><td>0.2</td><td>2</td><td colspan="2"></td></tr>
<tr><td>6</td><td>精车内孔</td><td>T2</td><td>90°内孔车刀</td><td>1000</td><td>0.1</td><td>0.05</td><td colspan="2"></td></tr>
<tr><td colspan="10">调头</td></tr>
<tr><td>7</td><td rowspan="6">O0002</td><td>车端面</td><td>T1</td><td>93°外圆车刀</td><td>800</td><td>0.1</td><td>0.2</td><td colspan="2"></td></tr>
<tr><td>8</td><td>粗车外圆</td><td>T1</td><td>93°外圆车刀</td><td>800</td><td>0.2</td><td>2</td><td colspan="2"></td></tr>
<tr><td>9</td><td>精车外圆</td><td>T1</td><td>93°外圆车刀</td><td>1000</td><td>0.08</td><td>0.5</td><td colspan="2"></td></tr>
<tr><td>10</td><td>粗车内孔</td><td>T2</td><td>90°内孔车刀</td><td>800</td><td>0.2</td><td>2</td><td colspan="2"></td></tr>
<tr><td>11</td><td>精车内孔</td><td>T2</td><td>90°内孔车刀</td><td>1000</td><td>0.1</td><td>0.5</td><td colspan="2"></td></tr>
<tr><td>12</td><td>车内螺纹</td><td>T3</td><td>内螺纹车刀</td><td>600</td><td>1.5</td><td></td><td colspan="2"></td></tr>
<tr><td colspan="2">编 制</td><td></td><td colspan="2">审 核</td><td></td><td colspan="2">第 页</td><td colspan="2">共 页</td></tr>
</table>

六、编制数控车削加工程序（参考）

1. FANUC 0i Mate-TC 程序

O0001（见图 4-8a）	
N010 M03 S800	N130 T0202
N020 T0101	N140 M03 S800
N030 G00 X51 Z1	N150 G00 X22 Z1
N040 G00 X48	N160 G71 U1 R0.5
N050 G01 Z－48 F0.2	N170 G71 P180 Q220 U-0.5 F0.2
N060 G00 X51 Z1	N180 G00 X40.39
N070 S1200	N190 G01 Z0
N080 G00 X45	N200 G01 X30 Z－3
N090 G01 Z0	N210 G01 Z－12.77
N100 G01 X47 Z－1 F0.08	N220 G03 X23 Z－17.77 R5
N110 G01 Z－48	N230 G70 P180 Q220 S1000 F0.1
N120 G00 X100 Z100	N240 G00 X100 Z100

（续）

N250 M05	N260 M30
O0002（见图4-8b）	
N010 M03 S800	N180 G00 X36
N020 T0101	N190 G01 Z0
N030 G00 X51 Z1	N200 G02 X27 Z－10 R15
N040 G00 X46	N210 G01 X25.5 Z－11
N050 G01 Z－36	N220 G01 Z－36
N060 G00 X51 Z1	N230 G01 X23
N070 S1200	N240 G70 P180 Q230 S1000 F0.1
N080 G00 X43	N250 G00 X100 Z100
N090 G01 Z0	N260 T0303
N100 G01 X45 Z－1 F0.08	N270 M03 S600
N110 G01 Z－36	N280 G00 X22 Z5
N120 G00 X100 Z100	N290 G76 P010060 Q50 R0.05
N130 T0202	N300 G76 X27 Z－33 R0 P975 Q400 F1.5
N140 M03 S800	N310 G00 X100 Z100
N150 G00 X22 Z1	N320 M05
N160 G71 U1 R0.5	N330 M30
N170 G71 P180 Q230 U-0.5 F0.2	

2. HNC-21T 程序

%0001（见图4-8a）	
N010 G90 G95	N140 T0202
N020 M03 S800	N150 M03 S800
N030 T0101	N160 G00 X22 Z1
N040 G00 X51 Z1	N170 G71 U1 R0.5 P180 Q220 X-0.5 F0.2
N050 G00 X48	N180 G00 X40.39 S1000 F0.1
N060 G01 Z－48 F0.2	N190 G01 Z0
N070 G00 X51 Z1	N200 G01 X30 Z－3
N080 S1200	N210 G01 Z－12.77
N090 G00 X45	N220 G03 X23 Z－17.77 R5
N100 G01 Z0	N230 G00 X100 Z100
N110 G01 X47 Z－1 F0.08	N240 M05
N120 G01 Z－48	N250 M30
N130 G00 X100 Z100	
%0002（见图4-8b）	
N010 G90 G95	N050 G00 X46
N020 M03 S800	N060 G01 Z－36
N030 T0101	N070 G00 X51 Z1
N040 G00 X51 Z1	N080 S1200

（续）

N090 G00 X43	N210 G01 X25.5 Z－11
N100 G01 Z0	N220 G01 Z－36
N110 G01 X45 Z－1 F0.08	N230 G01 X23
N120 G01 Z－36	N240 G00 X100 Z100
N130 G00 X100 Z100	N250 T0303
N140 T0202	N260 M03 S600
N150 M03 S800	N270 G00 X22 Z5
N160 G00 X22 Z1	N280 G76 C2 A60 X27 Z－33 K0.975 U0.05 V0.05 Q0.4 F1.5
N170 G71 U1 R0.5 P180 Q230 X-0.5 F0.2	N290 G00 X100 Z100
N180 G00 X36 S1000 F0.1	N300 M05
N190 G01 Z0	N310 M30
N200 G02 X27 Z－10 R15	

3. SINUMERIK 802S/C 程序

XM431.MPF（见图4-8a）	
N010 G90 G95	N120 G01 Z－48
N020 M03 S800	N130 G00 X100 Z100
N030 T1D1 M8	N140 T2D2
N040 G00 X51 Z1	N150 M03 S800
N050 G00 X48	N160 G00 X22 Z1
N060 G01 Z－48 F0.2	N170 _ CNAME＝"AA10"
N070 G00 X51 Z1	N180 R105＝11 R106＝0.25 R108＝1 R109＝0 R110＝0.5 R111＝0.2 R112＝0.1
N080 S1200	N190 LCYC95
N090 G00 X45	N200 G00 X100 Z100 M9
N100 G01 Z0	N210 M05
N110 G01 X47 Z－1 F0.08	N220 M2
AA10.SPF（"XM431.MPF"的轮廓子程序）	
N180 G00 X40.39 S1000 F0.1	N210 G01 Z－12.77
N190 G01 Z0	N220 G03 X23 Z－17.77 CR＝5
N200 G01 X30 Z－3	N230 M17
XM432.MPF（见图4-8b）	
N010 G90 G95	N050 G00 X46
N020 M03 S800	N060 G01 Z－36
N030 T1D1 M8	N070 G00 X51 Z1
N040 G00 X51 Z1	N080 S1200

（续）

N090 G00 X43	N190 LCYC95
N100 G01 Z0	N200 G00 X100 Z100
N110 G01 X45 Z－1 F0.08	N210 T3D1
N120 G01 Z－36	N220 M03 S600
N130 G00 X100 Z100	N230 G00 X22 Z5
N140 T2D1	N240 R100＝27 R101＝5 R102＝27 R103＝－33 R104＝1.5 R105＝2 R106＝0.1 R109＝5 R110＝1 R111＝0.975 R112＝0 R113＝5 R114＝1
N150 M03 S800	N250 LCYC97
N160 G00 X22 Z1	N260 G00 X100 Z100 M9
N170 __ CNAME＝"AA11"	N270 M05
N180 R105＝11 R106＝0.25 R108＝1 R109＝0 R110＝0.5 R111＝0.2 R112＝0.1	N280 M2
AA11.SPF（"XM432.MPF"的轮廓子程序）	
N180 G00 X36 S1000 F0.1	N220 G01 Z－36
N190 G01 Z0	N230 G01 X23
N200 G02 X27 Z－10 CR＝15	N240 M17
N210 G01 X25.5 Z－11	

【完成学习工作页】（表4-11、表4-12）

表4-11　工具和量具清单

组　别			项目名称			
零件图号			零件名称			
种　类	序　号	名　称	规　格	精　度	单　位	数　量
工　具						
量　具						
编　制		审　核			日　期	

表 4-12 零件评分表

班级				姓名		
序号	项目	配分		得分		备注
		IT	R_a	IT	R_a	
1	$\phi47_{-0.039}^{0}$mm	6	2			超差不得分
2	$\phi45_{-0.039}^{0}$mm	6	2			超差不得分
3	$\phi30_{0}^{+0.052}$mm	6	2			超差不得分
4	M27×1.5mm	10	4			超差不得分
5	$R15$mm 圆弧	3	2			超差不得分
6	$R5$mm 圆弧	3	2			超差不得分
7	120°锥面	3	2			超差不得分
8	长度 82mm	3				超差不得分
9	倒角 $C1$ 两处	2				超差不得分
10	其余表面		2			超差不得分
11	程序编制	10				酌情扣分
12	机床操作	10				酌情扣分
13	装刀、对刀	5				酌情扣分
14	量具使用	5				酌情扣分
15	安全文明操作	10				酌情扣分
合计		100				

【知识拓展】

薄壁套类零件的壁厚很薄，径向刚度很弱，在加工过程中受切削力、切削热及夹紧力等因素的影响极易变形，导致各项技术要求难以保证。影响薄壁零件车削时变形的因素是多方面的，包括装夹工件时的夹紧力、切削工件时的切削力、工件阻碍刀具切削时产生的弹性变形和塑性变形、切削区域温度升高而产生的热变形等。

（1）工件装夹方法　薄壁类零件在加工过程中如果采用普通装夹方法，会因为产生很大的变形而无法保证加工精度。一般应增大工件的支承面和夹压面积，或增加夹压点使之受力均匀，并减小夹压应力和接触应力；必要时可增设辅助支承以增强工件的刚性。

（2）切削用量的选择　切削力的大小与切削用量密切相关，背吃刀量和进给量同时增大时，切削力和变形也增大，这对于薄壁零件的车削极其不利。减少背吃刀量，增大进给量，切削力虽然有所下降，但工件表面的残余面积增大，使薄壁零件的内应力增加，也会导致零件变形。

切削用量应该选较小值，但考虑到生产率及加工塑性材料时应避开积屑瘤的影响等，一般背吃刀量和进给量取较小值，而切削速度取较大值。切削速度增大后，产生的热量会增多，但同时工件与刀具的相对运动速度也提高，使热量来不及传到工件上而大部分被切屑带走，因此对加工的影响并不会增大。

（3）刀具角度的选择　加工薄壁类工件的刀具刃口要锋利，一般采用较大的前角和主偏角，但是不能太大，否则会因刀头体积的减小而引起强度、刚度下降，散热性能变差，最终影响加工精度。刀具角度的取值与工件的形状、材质以及刀具自身的材料有关。

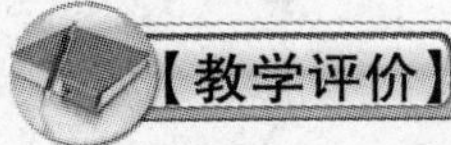

【教学评价】（表4-13、表4-14、表4-15）

表4-13 学生自评表

班级			姓名	
项目名称			组别	
考核项目	考核内容		满分	得分
社会能力	尊敬师长、尊重同学		5	
	相互协作		5	
	主动帮助他人		5	
	办事能力		5	
方法能力	出勤	迟到	3	
		早退	3	
		旷课	4	
	能独立思考、解决问题		5	
	创新能力		5	
专业能力	安全规范意识		5	
	5S遵守情况		5	
	零件加工分析能力		10	
	工艺处理能力		10	
	仿真验证能力		10	
	实操能力		10	
	零件检验能力		10	
合计			100	
自我评价				

表4-14 小组成员互评表

被评价学生		承担任务	
考核项目	考核内容	满分	得分
社会能力	尊敬师长	5	
	尊重同学	5	
	团队协作	10	
	主动帮助他人	10	
方法能力	创新能力	10	
	学习态度认真	10	
	能独立思考、解决问题	10	

（续）

考核项目	考核内容	满　分	得　分
专业能力	所承担的工作量	20	
	理论及实操能力	10	
	5S 遵守情况	10	
	合　计	100	
评　语			
评价人		学　号	

表 4-15　教师评价表

班　级		姓　名		
项目名称		组　别		
	评分内容	分　值	得　分	备　注
资　讯	起始情况评价	5		
	收集信息评价	5		
计　划	工作计划情况	5		
决　策	解决问题情况	5		
实　施	零件加工分析	5		
	确定装夹方案	5		
	刀具正确选用及安装	5		
	确定加工方案	5		
	切削参数选用	5		
	编制加工工艺文件	5		
	编写加工程序	5		
	仿真加工验证	5		
	实际加工	5		
检　查	零件检测	10		
	上交文件齐全、正确	5		
评　价	完成工作量	5		
	工作效率及文明施工	5		
	学生自我评价	5		
	同组学生的评价	5		
	总　分	100		

评价教师		评　语	

【学后感言】

【思考与练习】

1. 如图4-10所示，根据图样要求，进行零件加工分析，确定装夹方式和加工方案，选择刀具和切削用量，填写工艺文件，编制加工程序，并完成零件加工。

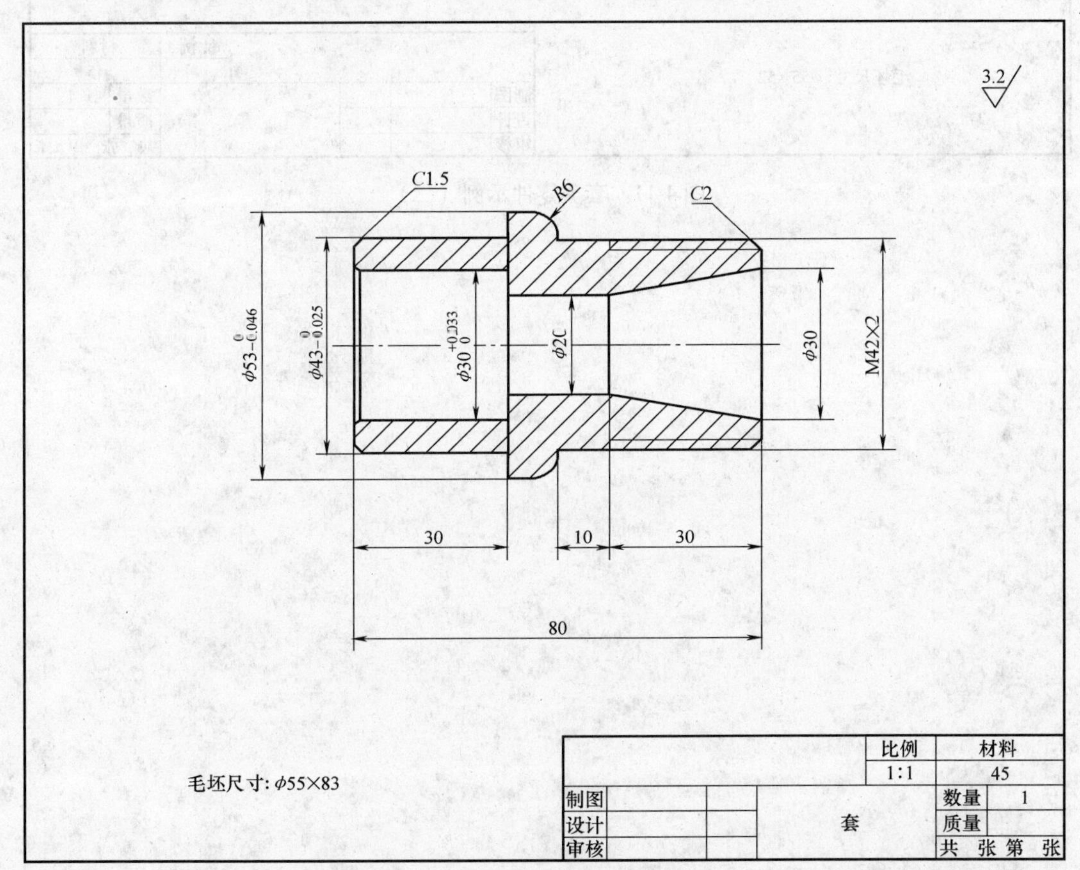

图4-10　套类零件示例（一）

2. 如图4-11所示，根据图样要求，进行零件加工分析，确定装夹方式和加工方案，选择刀具和切削用量，填写工艺文件，编制加工程序，并完成零件加工。

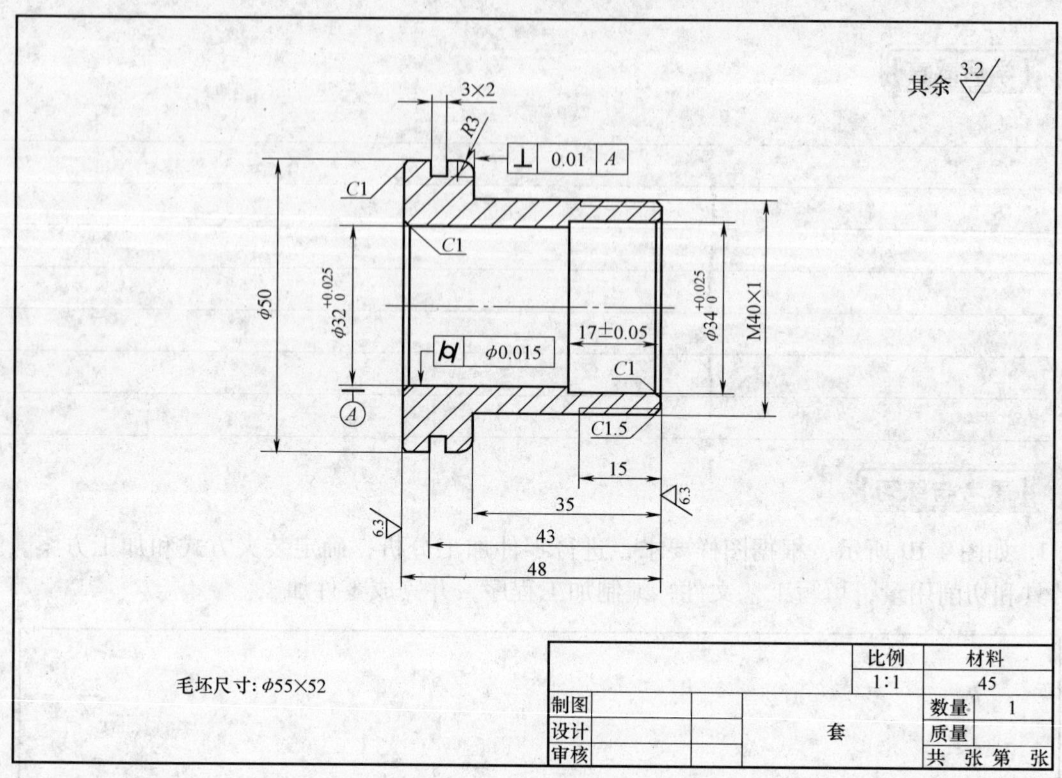

图 4-11　套类零件示例（二）

项 目 5

盘类零件的数控车削加工

本项目通过完成两个阀盖零件的数控车削加工，使学生掌握盘类零件的加工特点，能正确选择加工刀具，学会编制盘类零件的加工工艺和数控车削加工程序，并填写完整的工艺文件。

【学习目标】

知识目标

1. 掌握盘类零件图的加工分析。
2. 理解制定盘类零件的加工工艺文件的方法。
3. 掌握使用数控车床加工盘类零件的方法。

技能目标

1. 能分析盘类零件图。
2. 能编制盘类零件的加工工艺文件。
3. 能使用数控车床加工盘类零件。

【工作任务】

任务 1　闷盖的数控车削加工

任务 2　透盖的数控车削加工

任务 1　闷盖的数控车削加工

闷盖如图 5-1 所示，材料为 2A12，毛坯为 ϕ56mm 圆棒料，分析零件图样上的技术要求，确定装夹方法和加工方案，并编制零件加工工艺文件和数控车削加工程序。

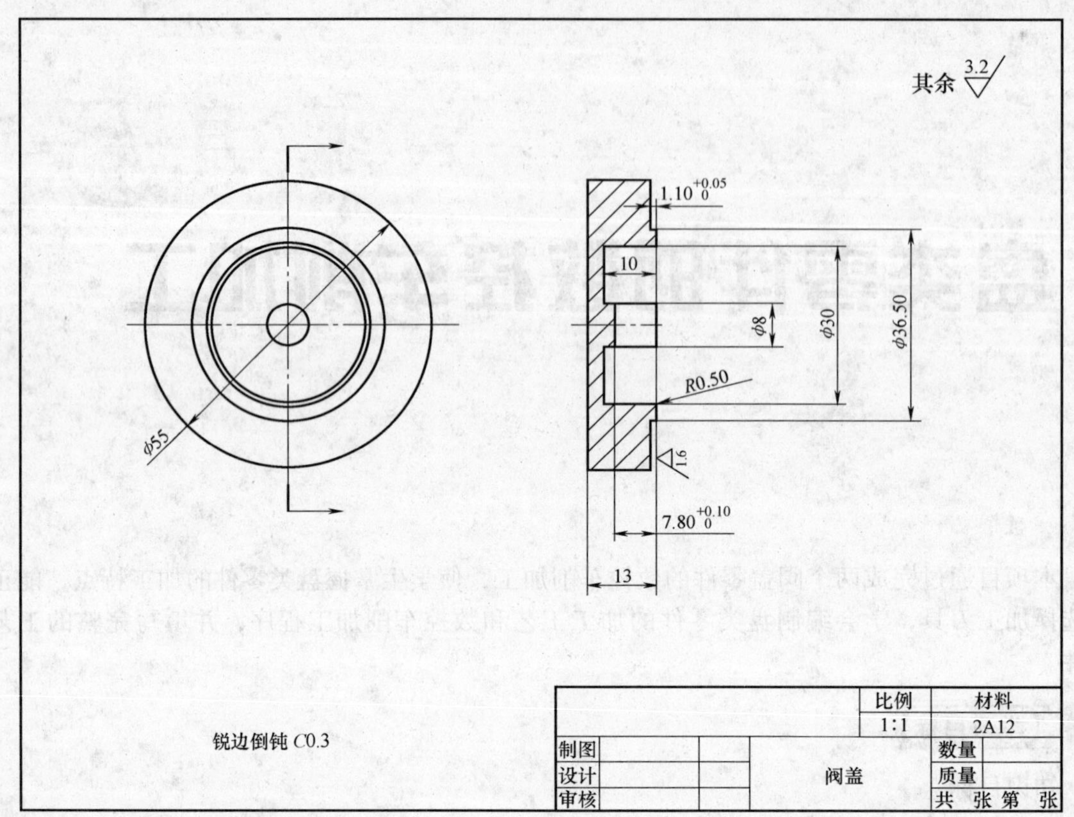

a)

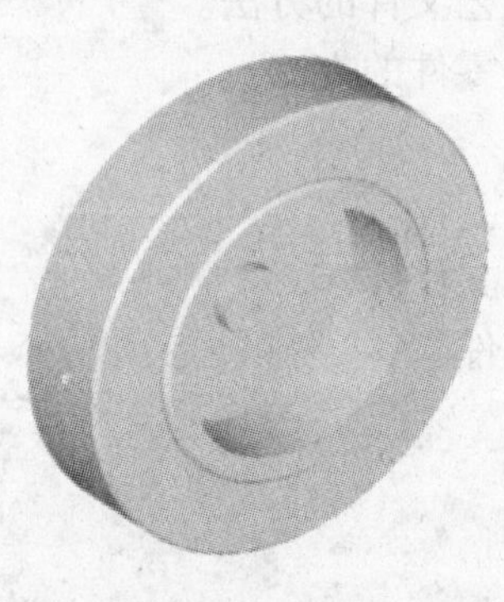

b)

图 5-1 阀盖

a) 零件图 b) 立体图

【知识准备】

一、盘类零件的特点

1. 功用

盘类零件在机器中主要起支承、连接作用。

2. 结构特点

盘类零件主要由端面、外圆、内孔等组成，一般零件直径大于其轴向尺寸。

3. 技术要求

盘类零件往往对支承用端面有较高的平面度、轴向尺寸精度及两端面平行度要求；一般对内孔等有与平面的垂直度要求，以及外圆、内孔间的同轴度要求等。

为保证加工要求和数控车削时工件装夹的可靠性，应注意加工顺序和装夹方式。

二、盘类零件的制造工艺特点

1. 毛坯选择

盘类零件常采用钢、铸铁、青铜或黄铜等制成。孔径小的盘一般选择热轧或冷拔棒料，根据不同的材料，亦可选择实心铸件；孔径较大时，可作预制孔。

2. 基准选择

根据零件作用的不同，零件的主要基准会有所不同。一是以端面为主，即零件加工中的主要定位基准为平面；二是以内孔为主，由于盘的轴向尺寸小，往往在以孔为定位基准（径向）的同时，辅以端面的配合；三是以外圆为主（较少），往往也需要有端面的辅助配合。

3. 安装方案

数控车床的主要装夹工具是三爪自定心卡盘，设计使用时应重点考虑卡盘的定心精度，避免工件的装夹变形和抬起现象。

（1）用三爪自定心卡盘安装　为保证定心精度，当加工面与装夹面有较高的同轴度要求时，卡盘的卡爪一般要在设备本身经过“自车”来保证定位面与主轴轴线的同轴度。“自车”时应尽量模拟在加工状态下自车，并且“自车”时的液压缸压力应与正常工作时压力一致，卡爪“自车”后的圆弧面直径应与工件的卡紧外圆直径尽量一致。

（2）用专用夹具安装　以外圆作径向定位基准时，可用定位环作定位件；以内孔作径向定位基准时，可用定位销（轴）作定位件。根据零件的结构特征及加工部位的要求，选择径向装夹或端面装夹。

4. 加工工艺设计

为满足产品设计的要求，稳定控制产品质量，在盘类零件的数控加工工艺设计中，最重要的是将有相互形位公差要求的加工面安排在一道工序内，在一次装夹下完成加工，以消除二次装夹带来的误差，避免重复定位误差及夹具制造误差对加工精度的影响。

【任务实施】

教学组织实施建议：采取分组实训的形式，通过任务驱动法、小组讨论法、讲授法、演示法等组织教学。

一、零件加工分析

图5-1所示零件为盘类零件，由端面、外圆、端面环槽、内凸台等组成；右端面表面粗糙度 R_a 值为1.6μm，其余 R_a 值为3.2μm；材料为铝合金。

二、确定装夹方案

右端面和轴线是设计基准，采用三爪自定心卡盘装夹定位工件，先加工右端各部，然后调头找正，加工左端面至长度13mm。

三、确定加工方案

1）粗车右端面和右端外轮廓，直径留0.2mm精车余量，长度留0.05mm精车余量。

2）粗车内孔ϕ30mm至ϕ29.8mm，留0.2mm精车余量。

3）粗车内凸台外圆ϕ8mm至ϕ8.2mm，留0.2mm精车余量。

4）粗车内凸台端面，留0.02mm加工余量。

5）精车内孔ϕ30mm至尺寸，孔口倒圆。

6）精车内凸台外圆、端面至尺寸，棱边倒角。

7）精车ϕ36.5mm外圆、外台肩、ϕ55mm外圆至尺寸，棱边倒角。

8）切断。

9）调头；车左端面，保证长度13mm，锐边倒钝。

四、选择刀具

1）95°外圆车刀，T0101，T1D1（SINUMERIK 802S/C）。

2）端面槽刀，宽7mm（自制），T0202/T0212，T2D1/T2D2（SINUMERIK 802S/C）。

3）切断刀，宽4mm，T0404，T4D1（SINUMERIK 802S/C）。

五、填写工艺文件（表5-1、表5-2）

表5-1 数控加工刀具卡片

刀具号	刀补号	刀具名称	刀具参数	被加工表面
1	1	95°外圆车刀	刀尖角35°	零件右端各外表面
2	2/12	端面槽刀	7mm（自制）	ϕ30mm内孔和ϕ8mm内凸台
4	4	切断刀	4mm	切断工件

表5-2 数控加工工序卡片

<table>
<tr><td colspan="3" rowspan="2">数控加工工序卡片</td><td>工序号</td><td colspan="4">工序内容</td></tr>
<tr><td>1</td><td colspan="4">数车</td></tr>
<tr><td colspan="3" rowspan="2">（单位）</td><td>零件名称</td><td>材料</td><td colspan="2">夹具名称</td><td>使用设备</td></tr>
<tr><td>阀盖</td><td>2A12</td><td colspan="2">三爪自定心卡盘</td><td>数控车床</td></tr>
<tr><td>工步号</td><td>程序号</td><td>工步内容</td><td>刀具号
刀补号</td><td>主轴转速
n/(r/min)</td><td>进给量
f/(mm/r)</td><td>背吃刀量
a_p/mm</td><td>备注</td></tr>
<tr><td rowspan="2">1</td><td rowspan="2">O0005</td><td rowspan="2">粗车右端面和右端外轮廓，直径留0.2mm精车余量，长度留0.05mm精车余量</td><td>T0101</td><td rowspan="2">1000</td><td rowspan="2">0.18</td><td rowspan="2">2</td><td rowspan="2"></td></tr>
<tr><td>T1D1</td></tr>
</table>

（续）

工步号	程序号	工步内容	刀具号 刀补号	主轴转速 n/(r/min)	进给量 f/(mm/r)	背吃刀量 a_p/mm	备　注
2	O0005	粗车内孔 ϕ30mm 至 ϕ29.8mm，留 0.2mm 精车余量	T0202 T2D1	800	0.12	7	
3		粗车内凸台外圆 ϕ8mm 至 ϕ8.2mm，留 0.2mm 精车余量	T0212 T2D2	800	0.1	3.8	
4		粗车内凸台端面，留 0.02mm 加工余量	T0212 T2D2	800	0.12	3.5	
5		精车内孔 ϕ30mm 至尺寸，孔口倒圆	T0202 T2D1	1000	0.08	0.2	
6		精车内凸台外圆、端面至尺寸，棱边倒角	T0212 T2D2	1000	0.12	0.02	
7		精车 ϕ36.5mm 外圆、外台肩、ϕ55mm 外圆至尺寸，棱边倒角	T0101 T1D1	1500	0.06	0.1	
8		切断	T0404 T4D1	500	0.1	4	
9		调头，找正					
10		车左端面，保证长度 13mm，锐边倒钝	T0101 T1D1	1000	0.1	0.2	
编制		审　核		第　页		共　页	

六、编制数控车削加工程序（参考）

1. FANUC 0i Mate-TC 程序（车零件右端各部）

顺序号	加工程序	注　释
	O0005	
	G99	每转进给，单位为 mm/r
	M3 S1000	
	T0101	调用1号外圆车刀，1号刀补
	M8	切削液开
	G00 X58 Z2	到 G71 循环起点
	G71 U2 R0.5	
	G71 P1 Q2 U0.2 W0.05 F0.18	
N1	G0 X25	

（续）

顺序号	加工程序	注释
	G1 Z0	
	X36.5	粗车右端面
	Z-1.13	粗车右端凸台 ϕ36.5mm
	X55	
	Z-17.95	粗车外圆 ϕ55mm
N2	X57	
	G0 Z100	
	T0202 S800	调用2号端面槽刀，2号刀补
	X29.8	
	Z2	
	G1 Z-5 F0.12	粗车内孔 ϕ30mm 至 ϕ29.8mm
	W0.5	Z 向退刀
	Z-8 F0.08	
	W0.5	Z 向退刀
	Z-10	
	Z-3 F1.0	Z 向退刀到 Z-3
	T0212	调用2号端面槽刀，12号刀补
	X8.2	
	G1 Z-6.5 F0.12	
	Z-10 F0.1	粗车内凸台外圆 ϕ8mm 至 ϕ8.2mm
	Z-3.5 F1	Z 向退刀
	X0.3 F0.12	
	G1 Z-7.83 F0.12	车内凸台端面
	X-0.2 F0.08	
	G0 Z1	Z 向退刀
	S1000	
	T0202	调用2号端面槽刀，2号刀补
	X31	
	G1 Z0 F0.12	
	G2 X30 Z-0.5 R0.5 F0.08	ϕ30mm 孔口倒圆
	G1 Z-10	精车内孔 ϕ30mm
	T0212	调用2号端面槽刀，12号刀补
	X8.5 F0.12	
	Z-7 F1	接近加工位置
	Z-7.85	
	X-0.2 F0.12	精车内凸台端面到中心
	W1 F1	Z 向退刀
	X7.4	
	G1 Z-7.85 F0.12	

（续）

顺序号	加工程序	注释
	X8 W-0.3 F0.06	内凸台棱边倒角
	Z-10 F0.12	精车内凸台外圆 ϕ8mm
	U1	X向退刀
	G0 Z100	
	T0101	调用1号外圆刀，1号刀补
	S1500	
	X29 Z2	
	G1 Z0 F0.2	
	X35.9 F0.09	
	X36.5 Z-0.3 F0.06	ϕ36.5mm外圆棱边倒角
	Z-1.13 F0.1	精车36.5mm外圆
	X54.4	精车外台肩
	X55 W-0.3 F0.06	ϕ55mm外圆棱边倒角
	Z-14 F0.12	精车 ϕ55mm外圆
	U1	X向退刀
	G0 Z100	
	S500	
N290	T0404	调用4号切断刀，4号刀补
N300	X56	
N310	Z-13.3	
N320	G1 X45 F0.1	
N330	U0.5	X向退刀1mm，断屑
N340	G1 X35	
N350	U0.5	X向退刀1mm，断屑
N360	X25	
N370	U0.5	X向退刀1mm，断屑
N380	X15	
N390	U0.5	X向退刀1mm，断屑
N400	X5	
N410	U0.5	X向退刀1mm，断屑
N420	X0 F0.08	切断工件
N430	W0.05	
N440	G0 X100	X向退刀
N450	Z100 M9	切削液关
N460	M05	主轴停
N470	M30	程序停

2. 华中 HNC-21T 程序

顺序号	加工程序	注释
	%5	
	G95 G90	
	M3 S1000	
	T0101	调用 1 号外圆刀，1 号刀补
	M8	切削液开
	G00 X58 Z2	到 G71 循环起点
	G71 U2 R0. 5 P1 Q2 X0. 2 Z0. 05 F0. 18	
N1	G0 X29	
	G1 Z0 F0. 2	
	X35. 9 F0. 09	
	X36. 5 Z－0. 3 F0. 06	ϕ36. 5mm 外圆棱边倒角
	Z－1. 13 F0. 1	精车 ϕ36. 5mm 外圆
	X54. 4	精车外台肩
	X55 Z－1. 43 F0. 06	ϕ55mm 外圆棱边倒角
	Z－17. 95 F0. 12	精车 ϕ55mm 外圆
N2	X57	*X* 向退刀
	G0 Z100	
	T0202 S800	调用 2 号端面槽刀，2 号刀补
	X29. 8	
	Z2	
	G1 Z－5 F0. 12	粗车内孔 ϕ30mm，留 0. 2mm 精车余量
	Z－4. 5	
	Z－8 F0. 08	
	Z－7. 5	
	Z－10	
	Z－3 F1	
	T0212	调用 2 号端面槽刀，12 号刀补
	X8. 2	
	G1 Z－6. 5 F0. 12	
	Z－10 F0. 1	粗车内凸台外圆，留 0. 2mm 精车余量
	Z－3. 5 F1	*Z* 向退刀
	X0. 3	
	G1 Z－7. 83 F0. 12	粗车内凸台端面，留 0. 2mm 余量
	X- 0. 2 F0. 08	
	G0 Z1	*Z* 向退刀

（续）

顺序号	加工程序	注　释
	S1000	
	T0202	调用2号端面槽刀，2号刀补
	G0 X31	
	G1 Z0 F0.12	
	G2 X30 Z-0.5 R0.5 F0.08	ϕ30mm孔口倒圆
	G1 Z-10	精车内孔ϕ30mm
	T0212	调用2号端面槽刀，12号刀补
	X8.5 F0.12	
	Z-7 F1	接近加工位置
	Z-7.85	
	X-0.2 F0.12	精车内凸台端面到中心
	Z-6.85 F1	Z向退刀
	X7.4	
	G1 Z-7.85 F0.12	
	X8　Z-8.15 F0.06	内凸台棱边倒角
	Z-10 F0.12	精车内凸台外圆
	X9	X向退刀
	G0 Z100	
	S500	
N290	T0404	调用4号切断刀，4号刀补
N300	X56	
N310	Z-13.3	
N320	G1 X45 F0.1	
N330	G91 X1	X向退刀1mm，断屑
N340	G1 X35	
N350	G91 X1	X向退刀1mm，断屑
N360	G90 X25	
N370	G91 X1	X向退刀1mm，断屑
N380	G90 X15	
N390	G91 X1	X向退刀1mm，断屑
N400	G90 X5	
N410	G91 X1	X向退刀1mm，断屑
N420	G90 X0 F0.08	切断工件
N430	G91 G1 Z0.05	
N440	G90 G0 X100	
N450	Z100 M9	切削液关

（续）

顺序号	加工程序	注释
N460	M05	主轴停
N470	M30	程序停

3. SINUMERIK 802S/802C 程序

顺序号	加工程序	注释
	XM5-1. MPF	
	G90 G95	每转进给，单位为 mm/r
	M3 S1000	
	T1D1	调用 1 号外圆刀，1 号刀补
	M8	切削液开
	X50 Z2	
	G1 Z－1. 05 F0. 13	
	Z2 F2	
	X45	
	G1 Z－1. 05 F0. 15	
	Z2 F2	
	X40	
	G1 Z－1. 05 F0. 15	
	Z2 F2	
	G0 X25	
	G1 Z0. 05 F0. 15	
	X36. 7	粗车外圆 ϕ36. 5mm 至 ϕ36. 7mm，留精车余量 0. 2mm
	Z－1. 05	
	X55. 2	粗车外圆 ϕ55mm 至 ϕ55. 2mm，留精车余量 0. 2mm
	Z－17. 95	
	X56. 5	
	G0 Z100	
	T2D1 S800	调用 2 号端面槽刀，1 号刀补
	X29. 8	
	Z2	
	G1 Z－5 F0. 12	粗车内孔 ϕ30mm，留 0. 2mm 精车余量
	Z－4. 5	
	Z－8 F0. 08	
	Z－7. 5	

（续）

顺序号	加工程序	注　释
	Z－10	
	Z－3 F1	
	T2D2	调用2号端面槽刀，2号刀补
	X8.2	
	G1 Z－6.5 F0.12	
	Z－10 F0.1	粗车内凸台外圆，留0.2mm精车余量
	Z－3.5 F1	Z向退刀
	X0.3	
	G1 Z－7.83 F0.12	粗车内凸台端面，留0.2mm余量
	X-0.2 F0.08	
	G0 Z1	Z向退刀
	S1000	
	T2D1	调用2号端面槽刀，1号刀补
	G0 X31	
	G1 Z0 F0.12	
	G2 X30 Z－0.5 CR＝0.5 F0.08	ϕ30mm孔口倒圆
	G1 Z－10	精车内孔ϕ30mm
	T2D2	调用2号端面槽刀，2号刀补
	X8.5 F0.12	
	Z－7 F1	接近加工位置
	Z－7.85	
	X-0.2 F0.12	精车内凸台端面到中心
	Z－7 F1	Z向退刀
	X7.4	
	G1 Z－7.85 F0.12	
	X8 Z－8.15 F0.06	内凸台棱边倒角
	Z－10 F0.12	精车内凸台外圆
	X9	X向退刀
	G0 Z100	
	T1D1	调用1号外圆刀，1号刀补
	S1500	
	X29 Z2	
	G1 Z0 F0.2	
	X35.9 F0.09	
	X36.5 Z－0.3 F0.06	ϕ36.5mm外圆棱边倒角
	Z－1.13 F0.1	精车ϕ36.5mm外圆

（续）

顺序号	加工程序	注释
	X54.4	精车外台肩
	X55 Z-1.43 F0.06	ϕ55mm 外圆棱边倒角
	Z-14 F0.12	精车 ϕ55mm 外圆
	X56.5 F0.2	X 向退刀
	G0 Z100	
	S500	
N290	T4D1	调用4号切断刀，1号刀补
N300	X56	
N310	Z-13.3	
N320	G1 X45 F0.1	
N330	X46	X 向退刀1mm，断屑
N340	G1 X35	
N350	X36	X 向退刀1mm，断屑
N360	X25	
N370	X26	X 向退刀1mm，断屑
N380	X15	
N390	X16	X 向退刀1mm，断屑
N400	X5	
N410	X6	X 向退刀1mm，断屑
N420	X0 F0.08	切断工件
N430	G91 G1 Z0.05	Z 向退刀0.05mm
N440	G90 G0 X100	
N450	Z100 M9	切削液关
N460	M05	主轴停
N470	M2	程序停

【完成学习工作页】（表5-3、表5-4）

表5-3 工具和量具清单

组别			项目名称			
零件图号			零件名称			
种类	序号	名称	规格	精度	单位	数量
工具						

（续）

种类	序号	名称	规格	精度	单位	数量
量具						
编制		审核		日期		

表 5-4 零件评分表

序号	项目	配分 IT	配分 R_a	得分 IT	得分 R_a	备注
班级			姓名			
1	$7.80^{+0.10}_{0}$ mm	8	2			超差不得分
2	$1.10^{+0.05}_{0}$ mm	5	2			超差不得分
3	10mm	5	2			超差不得分
4	13mm	3	2			超差不得分
5	ϕ55mm	5	2			超差不得分
6	ϕ36.50mm	5	2			超差不得分
7	ϕ8mm	5	2			超差不得分
8	ϕ30mm	3	2			超差不得分
9	锐边倒钝	2				超差不得分
10	其余表面		3			超差不得分
11	程序编制	10				酌情扣分
12	机床操作	10				酌情扣分
13	装刀、对刀	5				酌情扣分
14	量具使用	5				酌情扣分
15	安全文明操作	10				酌情扣分
	合计	100				

【知识拓展】

一、子程序的知识

1. 子程序的概念

如果一个程序中包含重复出现的程序段，或零件上有频繁重复的图形，这样的程序段或图形就可以编成子程序以简化编程。调用子程序的程序就叫主程序。

在主程序执行期间出现子程序的调用指令时，就执行子程序。当子程序执行结束时，将返回主程序继续执行后续程序，如图 5-2 所示。子程序必须在主程序结束指令后建立，其作用相当于一个固定循环。

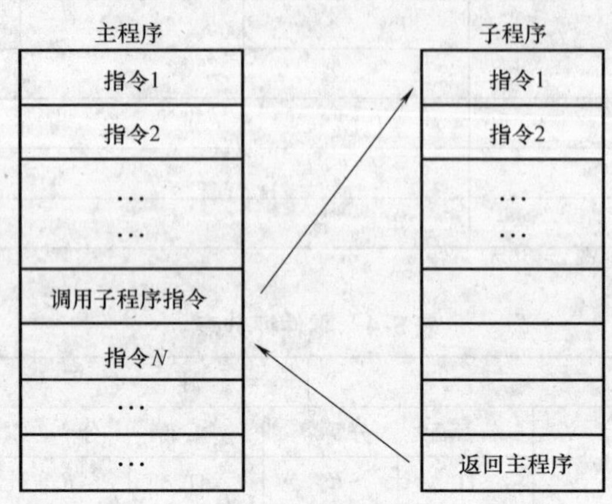

图 5-2 主程序和子程序

2. 子程序的嵌套

子程序可以被主程序调用，被调用的子程序也可以调用其他子程序，这个过程称为子程序的嵌套。当主程序调用子程序时，为一级嵌套。子程序可以按照主程序调用子程序的同样方法调用其他子程序，如图 5-3 所示。

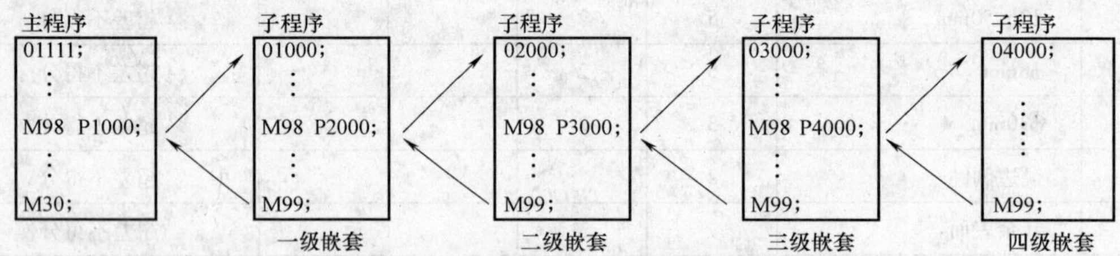

图 5-3 子程序的嵌套（五级程序界面）

3. 子程序的编程格式和调用指令

几种数控系统子程序的编程指令和调用格式见表 5-5。

表 5-5 子程序的编程指令和调用格式

系 统	FANUC 0i Mate-TC 系统	SINUMERIK 802S/C 系统	华中 HNC-21T 系统
主程序调用子程序的格式	…… M98 PXXXXnnnn； …… M30；	…… L __ P __； …… M30；	…… M98 Pnnnn LXXX； …… M30；
子程序格式	Onnnn；（子程序号） …… M99；（子程序结束）	子程序名； …… M17；（子程序结束）	% nnnn；（子程序号） …… M99；（子程序结束）

（续）

系　统	FANUC 0i Mate-TC 系统	SINUMERIK 802S/C 系统	华中 HNC-21T 系统
说　明	① 调用程序号为 Onnnn 的子程序 XXXX 次，当不指定重复次数 XXXX 时，子程序只被调用一次。 ② 在一次调用指令中，子程序最多连续循环 9999 次。 ③ 子程序嵌套可达 4 层。 ④ M98 可以与运动指令在同一个程序段中指令。 ⑤ M99 可以指定返回的程序段，如 M99 P__	① L：地址 L 后可以有 7 位数，每个 0 都不能省略（子程序的命名还可以同于主程序名的命名规则，见举例）。 P：子程序调用次数。最大次数可以为 9999（即 P1 ~ P9999）。如果省略，则调用一次。 ② 子程序结束除了可以用 M17 指令外，还可以用 RET 指令。 ③ 子程序的调用要求占用一个独立的程序段	P：被调用的子程序号 L：子程序调用次数 M99：子程序结束，返回主程序继续执行后续程序
举　例	① M98 P51002； 说明：连续调用子程序 O1002 共 5 次。 ② G00 X100.0 M98 P1200； 说明：在 X 运动后调用子程序 O1200 共 1 次	① L1002 P5； 说明：连续调用子程序 L1002 共 5 次。 ② TEST； 说明：调用 1 次子程序 TEST	M98 P1002 L5； 说明：连续调用子程序%1002 共 5 次。
子程序的嵌套	子程序的嵌套可达四层，也就是五级程序界面（包括一级主程序界面）	① 子程序的嵌套深度可达三层，也就是四级程序界面（包括一级主程序界面）。 ② 在使用加工循环进行加工时，要注意加工循环程序也同样属于子程序，要占用四级程序界面中的一级。	子程序的嵌套可达四层，也就是五级程序界面（包括一级主程序界面）

二、用子程序简化原程序

1. 找到主程序的规律

注意观察任务一程序中 4 号切断刀的加工程序，可以发现有一些相同的程序段 N320 ~ N410（即“*X* 向退刀 1mm”）一共重复出现了 5 次。也就是说，在切断时刀具每次沿 *X* 正向退刀 1mm，沿 *X* 负方向进给 11mm，每次径向实际背吃刀量为 10mm，这种动作共重复 5 次。

我们可以应用子程序将这部分程序简化。简化的方法是：把相同的部分提炼出来作为子程序，而源程序调用该子程序即可。我们可以改变 N320 ~ N410 的编写方式为相对方式，这样就可以很容易地找到子程序了。

修改 FANUC 0i Mate-TC 系统程序的编写方式为相对编程：

顺 序 号	程 序 内 容	注　释
	……	
N320	G1U-11 F0.1	
N330	U0.5	*X* 向退刀 1mm，断屑
N340	U-11	
N350	U0.5	*X* 向退刀 1mm，断屑

（续）

顺序号	程序内容	注　释
N360	U-11	
N370	U0.5	X 向退刀 1mm，断屑
N380	U-11	
N390	U0.5	X 向退刀 1mm，断屑
N400	U-11	
N410	U0.5	X 向退刀 1mm，断屑
	……	

修改华中 HNC-21T 和 SINUMERIK 802S/C 系统的编写方式为相对编程：

顺序号	程序内容	注　释
	……	
N320	G91 G1 X-11 F0.1	
N330	X1	X 向退刀 1mm，断屑
N340	X-11	
N350	X1	X 向退刀 1mm，断屑
N360	X-11	
N370	X1	X 向退刀 1mm，断屑
N380	X-11	
N390	X1	X 向退刀 1mm，断屑
N400	X-11	
N410	X1	X 向退刀 1mm，断屑
	……	

2. 简化原程序

寻找相同的部分：

（1）FANUC 0i Mate-TC 系统

G1 U-11 F0.1；

U0.5；

（2）HNC-21T 系统

G91 G1 X-11 F0.1；

X1；

把相同的部分放在一个新的程序中，作为源程序的子程序，而在源程序中相应的位置调用该子程序 5 次，简化后的程序如下。

FANUC 0i Mate-TC 系统切断工件程序的简化结果：

顺序号	程序内容	注　释
	……	主程序
N280	S500	
N290	T0404	
N300	G0 X56	
N310	Z－13.3	
N320	M98 P51000	M98 调用子程序 O1000 共5次
N330	X0 F0.08	
N340	W0.05	
N350	G0 X100	
N360	Z100 M9	
N370	M05	
N380	M30	
O1000		子程序
N500	G1 U-11 F0.1	
N510	U0.5	
N520	M99	子程序结束，返回主程序继续执行后续程序

华中 HNC-21T 系统切断工件程序的简化结果：

顺序号	程序内容	注　释
	……	主程序
N280	S500	
N290	T0404	
N300	G0 X56	
N310	Z－13.3	
N320	M98 P1000 L5	M98 调用子程序%1000 共5次
N330	G90 X0 F0.08	
N340	G91 Z0.05	
N350	G90 G0 X100	
N360	Z100 M9	
N370	M05	
N380	M30	
%1000		子程序
N500	G91 G1 X-11 F0.1	
N510	X1	
N520	M99	子程序结束，返回主程序继续执行后续程序

SINUMERIK 802S/C 系统切断工件程序的简化结果：

顺序号	程序内容	注　释
	……	主程序
N280	S500	
N290	T4D1	
N300	G0 X56	
N310	Z-13.3	
N320	L1000 P5	调用子程序 L1000 共 5 次
N330	G90 X0 F0.08	
N340	G91 Z0.05	
N350	G90 G0 X100	
N360	Z100 M9	
N370	M05	
N380	M30	
	L1000.SPF	子程序
N500	G91 G1 X-11 F0.1	
N510	X1	
N520	M17	子程序结束，返回主程序继续执行后续程序

任务 2　透盖的数控车削加工

阀盖如图 5-4 所示，材料为 2A12，毛坯为 ϕ56mm 圆棒料。分析零件图样上的技术要求，确定装夹方法和加工方案，并编制零件加工工艺文件和数控车削加工程序。

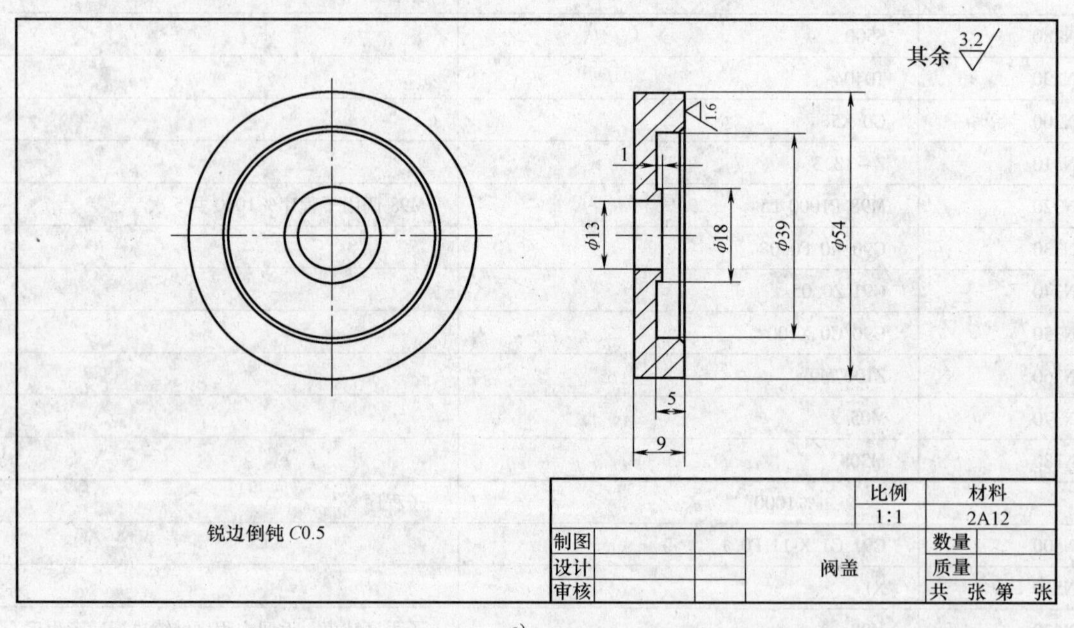

a)

图 5-4　阀盖

a）零件图

b)

图 5-4　阀盖（续）

b）立体图

【知识准备】

数控加工中，数控程序应描述出刀具相对于工件的运动轨迹。在数控车削程序编制中，只需描述刀具系统上某一选定点的轨迹即可。刀具的刀位点即为在程序编制时，刀具上所选择的代表刀具所在位置的点，程序所描述的加工轨迹即为该点的运动轨迹。

在数控车削中，为了方便编程和保证加工精度，刀位点的选择有一定的要求和技巧。选择刀位点时，钻头应是钻尖，车刀应是假想刀尖或刀尖圆弧中心。

选择刀具刀位点时应注意：

1）选择刀具上能够直接测量的点。刀位点与刀具长度预调时的测定点应尽量一致。

2）在可能的情况下，刀位点应直接与精度要求较高的尺寸或难于测量的尺寸发生联系。

3）所选择的刀位点能使刀具的极限位置直接体现于程序的运动指令中。

如图 5-5 所示车削端面槽，采用刀具预调仪对刀时，测量 P_1 点比测量 P_2 点方便，所以选择 P_1 点为刀位点比 P_2 点好。若刀具位置的调整和补偿是以试切法确定的，而且环槽小圆的加工精度高于大圆精度，则选择 P_2 点为刀位点比 P_1 点好，如本项目中端面槽刀刀位点的选择。

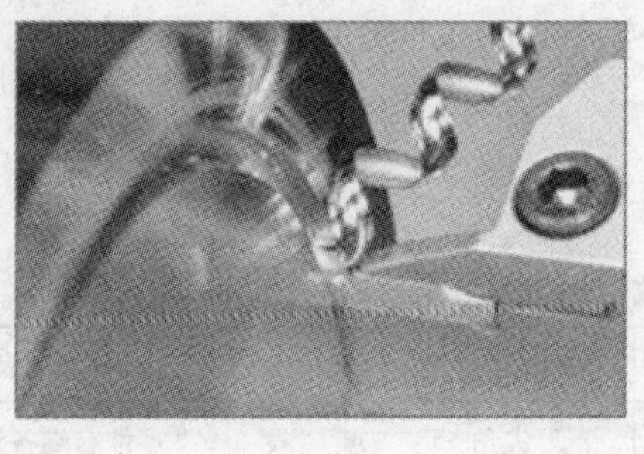

a)

P_1

P_2

b)

图 5-5　车削端面槽

【任务实施】

教学组织实施建议：采取分组实训的形式，通过任务驱动法、小组讨论法、讲授法、演示法等组织教学。

一、零件加工分析

图5-4所示零件为盘类零件，由端面、外圆、端面环槽、内孔、内凸台等组成；右端面表面粗糙度 R_a 值为1.6μm，其余 R_a 值为3.2μm；材料为铝合金。

二、确定装夹方案

右端面和轴线是设计基准，采用三爪自定心卡盘装夹定位工件，先加工右端各部，然后调头找正，加工左端面。

三、确定加工方案

1）钻孔。
2）车右端面。
3）粗车外圆 ϕ54mm 至 ϕ54.2mm。
4）精车 ϕ54mm 至尺寸，棱边倒角。
5）粗车内孔 ϕ39mm 至 ϕ38.8mm，深4mm，留0.2mm精车余量。
6）粗车内孔 ϕ39mm 至 ϕ38.8mm，深5mm，留0.2mm精车余量。
7）粗车内凸台 ϕ18mm 至 ϕ18.2mm，留0.2mm加工余量。
8）精车内孔 ϕ39mm 至尺寸，孔口倒角。
9）精车内凸台外圆、端面至尺寸，棱边倒角。
10）切断。
11）调头，车左端面，保证长度9mm，锐边倒钝。

四、选择刀具

1）95°外圆车刀，T0101，T1D1（SINUMERIK 802S/C）。
2）内孔车刀，T0202，T2D1（SINUMERIK 802S/C）。
3）端面槽刀，7mm（自制），T0303/T0309，T3D1/T3D2（SINUMERIK 802S/C）。
4）切断刀，宽4mm，T0404，T4D1（SINUMERIK 802S/C）。
5）麻花钻，ϕ13mm。

五、填写工艺文件（表5-6、表5-7）

表5-6 数控加工刀具卡片

刀具号	刀补号	刀具名称	刀具参数	被加工表面
1	1	95°外圆车刀	刀尖角35°	零件右端各外表面
2	2	内孔车刀	ϕ12mm	ϕ39mm 内孔及内凸台端面
3	3/9	端面槽刀	7mm（自制）	零件右端 ϕ39mm 内孔和 ϕ18mm 内凸台
4	4	切断刀	4mm	切断工件
		麻花钻	ϕ13mm	ϕ13mm 孔

表 5-7　数控加工工序卡片

数控加工工序卡片			工　序　号	工序内容			
			1	数控车削			
（单位）			零件名称	材　料	夹具名称		使用设备
			阀盖	2A12	三爪自定心卡盘		数控车床
工步号	程序号	工步内容	刀具号 刀补号	主轴转速 $n/(\mathrm{r/min})$	进给量 $f/(\mathrm{mm/r})$	背吃刀量 a_p/mm	备　注
	O5200	钻孔		330			
1		车右端面	T0101 T1D1	1200	0.09	0.2	
2		粗车外圆 $\phi54$mm 至 $\phi54.2$mm	T0101 T1D1	1200	0.15	0.9	
3		精车 $\phi54$mm 至尺寸，棱边倒角	T0101 T1D1	1200	0.1	0.1	
4		粗车内孔 $\phi39$mm 至 $\phi38.8$mm，深 4mm，留 0.2mm 精车余量	T0202 T2D1	850	0.15	2	
5		粗车内孔 $\phi39$mm 至 $\phi38.8$mm，深 5mm，留 0.2mm 精车余量	T0303 T3D1	1000	0.12	3.8	
6		粗车内凸台 $\phi18$mm 至 $\phi18.2$mm，留 0.2mm 加工余量	T0309 T3D2	800	0.1	3.5	
7		精车内孔 $\phi39$mm 至尺寸，孔口倒角	T0303 T3D1	1000	0.08	0.1	
8		精车内凸台外圆、端面至尺寸，棱边倒角	T0309 T3D2	1000	0.12	0.02	
9		切断	T0404 T4D1	500	0.1	4	
10		调头，找正					
11		车左端面，保证长度 9mm，锐边倒钝	T0101 T1D1	1000	0.1	0.2	
编制		审　核		第　页		共　页	

六、编制数控车削加工程序（参考）

1. FANUC 0i Mate-TC 程序（右端各部）

顺序号	加工程序	注释
	O5555	主程序名
	G99 M3 S1200 T0101	调用1号刀，1号刀补
	G0 X120	
	X59 Z0	
	G1 X37 F0.09	车右端面
	G0 X54.2 Z2	
	G1 Z-13 F0.15	粗车外圆 ϕ54mm 至 ϕ54.2mm
	U0.5	X 向退刀
	G0 Z1	Z 向退刀
	G0 X53	
	G1 Z0 F0.12	
	X54 Z-0.5 F0.06	外圆 ϕ54mm 棱边倒角
	Z-13 F0.1	精车 ϕ54mm×10mm 至尺寸
	U0.5	X 向退刀
	G0 Z100	Z 向退刀
	T0202 S850	调用2号刀，2号刀补
	X12 Z2	到 G71 起点
	G71 U2 R0.5 F0.15	粗车内孔 ϕ39mm×4mm，直径方向留精车余量0.2mm，长度方向留0.05mm精车余量
	G71 P1 Q2 U-0.2 W0.05	
N1	G0 X39	
	G1 Z-4 F0.1	
N2	X13	
	G0 Z100	
	T0303 S1000	调用3号刀，3号刀补
	X38	
	Z2	
	Z-3	
	G1 X38.8 F0.12	
	Z-5 F0.08	粗车内孔 ϕ39mm 至 ϕ38.8mm，留0.2mm精车余量
	Z-3 F0.2	退刀
	G1 X32.5 F0.12	
	Z-5 F0.08	
	Z-3 F0.2	

（续）

顺序号	加工程序	注　释
	G1 X27 F0.12	
	Z-5 F0.08	
	Z-3 F0.2	
	T0309	调用3号刀，9号刀补
	X18.2 F2	
	Z-5 F0.1	粗车内凸台 ϕ18mm 至 ϕ18.2mm，留0.2mm加工余量
	U0.5	
	G0 Z1	
	T0303	调用3号刀，3号刀补
	X40	
	G1 Z0 F0.12	
	G1 X39 Z-0.5 F0.08	锐边倒钝
	G1 Z-5 F0.1	精车 ϕ39mm 内孔
	X27	
	Z-3 F0.2	
	T0309	调用3号刀，9号刀补
	X17	
	Z-4 F0.12	
	X18 W-0.5 F0.06	锐边倒钝
	Z-5 F0.1	
	U1	
	G0 Z100	
	T0404 S500	调用4号刀，4号刀补
	X58 Z10	
	Z-9.3	留长度精车余量0.3mm
	G1 X10 F0.1	
	U0.5	
	X4.5	
	X0 F0.08	
	W0.05	
	G0 X120	
	Z100 M5	
	M30	

2. 华中 HNC-21T 程序（右端各部）

顺序号	加工程序	注释
	%5555	主程序名
	G90 G95 M3 S1200 T0101	调用 1 号刀，1 号刀补
	G0 X120	
	X59 Z0	
	G1X37 F0.09	车右端面
	G0 X54.2 Z2	
	G1 Z-13 F0.15	粗车外圆 ϕ54mm 至 ϕ54.2mm
	X55	X 向退刀
	G0 Z1	Z 向退刀
	G0 X53	
	G1 Z0 F0.12	
	X54 Z-0.5 F0.06	外圆 ϕ54mm 棱边倒角
	Z-13 F0.1	精车 ϕ54mm×10mm 至尺寸
	X55	X 向退刀
	G0 Z100	Z 向退刀
	T0202 S850	调用 2 号刀，2 号刀补
	X12 Z2	到 G71 起点
	G71 U2 R0.5 P1 Q2 X-0.2 Z0.05 F0.15	车内孔 ϕ39mm，直径方向留精车余量 0.2mm，长度方向留 0.05mm 精车余量
N1	G0 X39	
	G1 Z-4 F0.1	
N2	X13	
	G0 Z100	
	T0303 S1000	调用 3 号刀，3 号刀补
	X38	
	Z2	
	Z-3	
	G1 X38.8 F0.12	
	Z-5 F0.08	粗车内孔 ϕ39mm 至 ϕ38.8mm，留 0.2mm 精车余量
	Z-3 F0.2	退刀
	G1 X32.5 F0.12	
	Z-5 F0.08	
	Z-3 F0.2	
	G1 X27 F0.12	

（续）

顺序号	加工程序	注　释
	Z－5 F0.08	
	Z－3 F0.2	
	T0309	调用3号刀，9号刀补
	X18.2 F2	
	Z－5 F0.1	粗车内凸台 ϕ18mm 至 ϕ18.2mm，留0.2mm加工余量
	X19	
	G0 Z1	
	T0303	调用3号刀，3号刀补
	X40	
	G1 Z0 F0.12	
	G1 X39 Z－0.5 F0.08	锐边倒钝
	G1 Z－5 F0.1	精车 ϕ39mm 内孔
	X27	
	Z－3 F0.2	
	T0309	调用3号刀，9号刀补
	X17	
	Z－4 F0.12	
	X18 Z－4.5 F0.06	锐边倒钝
	Z－5 F0.1	
	X19	
	G0 Z100	
	T0404 S500	调用4号刀，4号刀补
	X58 Z10	
	Z－9.3	留长度精车余量0.3mm
	G1 X10 F0.1	
	X11	
	X4.5	
	X0 F0.08	
	G91 Z0.05	
	G90 G0 X120	
	Z100 M5	
	M30	

3. SINUMERIK 802S/802C 程序（右端各部）

顺 序 号	加 工 程 序	注 释
	XM5-2. MPF	程序名
	G90 G95 M3 S1200 T1D1	调用1号刀，1号刀补
	G0 X120	
	X59 Z0	
	G1 X37 F0. 09	车右端面
	G0 X54. 2 Z2	
	G1 Z－13 F0. 15	粗车外圆 ϕ54mm 至 ϕ54. 2mm
	X55	*X* 向退刀
	G0 Z1	*Z* 向退刀
	G0 X53	
	G1 Z0 F0. 12	
	X54 Z－0. 5 F0. 06	外圆 ϕ54mm 棱边倒角
	Z－13 F0. 1	精车 ϕ54mm×10mm 至尺寸
	X55	*X* 向退刀
	G0 Z100	*Z* 向退刀
	T2D1 S850	调用2号刀，1号刀补
	X12 Z2	到循环起点
	_CNAME＝"AA12"	
	R105＝11 R106＝0. 2 R108＝2 R109＝0 R110＝0. 5 R111＝0. 15 R112＝0. 1	车内孔 ϕ39mm，直径方向留精车余量 0. 2mm，长度方向留 0. 05mm 精车余量
	LCYC95	
	G0 Z100	
	T3D1 S1000	调用3号刀，1号刀补
	X38	
	Z2	
	Z－3	
	G1 X38. 8 F0. 12	
	Z－5 F0. 08	粗车内孔 ϕ39mm 至 ϕ38. 8mm，留 0. 2mm 精车余量
	Z－3 F0. 2	退刀
	G1 X32. 5 F0. 12	
	Z－5 F0. 08	
	Z－3 F0. 2	
	G1 X27 F0. 12	
	Z－5 F0. 08	
	Z－3 F0. 2	

（续）

顺序号	加工程序	注　释
	T3D2	调用3号刀，2号刀补
	X18.2 F2	
	Z-5 F0.1	粗车内凸台 ϕ18mm至 ϕ18.2mm，留0.2mm加工余量
	X19	
	G0 Z1	
	T3D1	调用3号刀，1号刀补
	X40	
	G1 Z0 F0.12	
	G1 X39 Z-0.5 F0.08	锐边倒钝
	G1 Z-5 F0.1	精车 ϕ39mm内孔
	X27	
	Z-3 F0.2	
	T3D2	调用3号刀，2号刀补
	X17	
	Z-4 F0.12	
	X18 Z-4.5 F0.06	锐边倒钝
	Z-5 F0.1	
	X19	
	G0 Z100	
	T4D1 S500	调用4号刀，1号刀补
	X58 Z10	
	Z-9.3	留长度精车余量0.3mm
	G1 X10 F0.1	
	X11	
	X4.5	
	X0 F0.08	
	G91 Z0.05	
	G90 G0 X120	
	Z100	
	M5	
	M2	
	AA12.SPF	轮廓子程序
	G0 X39	
	G1 Z-4 F0.1	
	X13	
	M17	子程序结束并返回

【完成学习工作页】（表5-8、表5-9）

表5-8　工具和量具清单

组　别			项目名称			
零件图号			零件名称			
种　类	序　号	名　称	规　格	精　度	单　位	数　量
工　具						
量　具						
编　制			审　核		日　期	

表5-9　零件评分表

班　级				姓　名		
序　号	项　目	配　分		得　分		备　注
		IT	R_a	IT	R_a	
1	ϕ39mm	8	2			超差不得分
2	ϕ18mm	8	2			超差不得分
3	1mm	8	2			超差不得分
4	ϕ13mm	3	2			超差不得分
5	5mm	5	2			超差不得分
6	ϕ54mm	3	2			超差不得分
7	9mm	3	2			超差不得分
8	锐边倒钝	5				超差不得分
9	其余表面		3			超差不得分
10	程序编制	10				酌情扣分
11	机床操作	10				酌情扣分
12	装刀、对刀	5				酌情扣分
13	量具使用	5				酌情扣分
14	安全文明操作	10				酌情扣分
	合　计	100				

【知识拓展】

一、“让刀”时刀补值的确定

对于薄壁工件，尤其是难切削材料的薄壁工件，切削时“让刀”现象严重，导致所车削工件的尺寸发生变化，一般是外圆变大，内孔变小。“让刀”主要是由工件加工时的弹性变形引起的，“让刀”程度与切削时的背吃刀量密切相关。

采用调整刀补值以减少“让刀”对加工精度的影响切实可行。设欲加工的外圆尺寸为 d，加工余量为 $2t$。取 $t/2$ 作为切削时的背吃刀量。在加工表面的全长上进行试切削后停机，测量外圆尺寸是否等于（$d+t$），按出现的误差大小调整刀补值，然后继续运行程序，完成工件的精加工。由于精加工过程与试切削过程采用相同的切削用量，切削抗力相同，工件相应的弹性变形相同，所输入的刀补值刚好能抵消“让刀”所产生的变形，保证了车削工件的尺寸精度。

二、车削时的断屑问题

数控车削是自动化加工，如果刀具的断屑性能太差，将严重妨碍加工的正常进行。为解决这一问题，首先应尽量提高刀具本身的断屑性能，其次应合理选择刀具的切削用量，避免产生妨碍加工正常进行的条带形切屑。数控车削中，最理想的切屑是长度为 50～150mm，直径不大的螺卷状切屑或宝塔形切屑，它们能有规律地沿一定方向排除，便于收集和清除。如果断屑不理想，必要时可在程序中安排暂停，强迫断屑；还可以使用断屑台来加强断屑效果。使用上压式的机夹可转位刀片时，可用压板同时将断屑台和刀片一起压紧。车内孔时，则可采用刀具前刀面朝下的切削方式改善排屑。

【教学评价】（表5-10、表5-11、表5-12）

表5-10 学生自评表

班级			姓名	
项目名称			组别	
考核项目	考核内容		满分	得分
社会能力	尊敬师长、尊重同学		5	
	相互协作		5	
	主动帮助他人		5	
	办事能力		5	
方法能力	出勤	迟到	3	
		早退	3	
		旷课	4	
	能独立思考、解决问题		5	
	创新能力		5	

（续）

考核项目	考核内容	满　分	得　分
专业能力	安全规范意识	5	
	5S 遵守情况	5	
	零件加工分析能力	10	
	工艺处理能力	10	
	仿真验证能力	10	
	实操能力	10	
	零件检验能力	10	
合　计		100	
自我评价			

表 5-11　小组成员互评表

被评价学生		承担任务	
考核项目	考核内容	满　分	得　分
社会能力	尊敬师长	5	
	尊重同学	5	
	团队协作	10	
	主动帮助他人	10	
方法能力	创新能力	10	
	学习态度认真	10	
	能独立思考、解决问题	10	
专业能力	所承担的工作量	20	
	理论及实操能力	10	
	5S 遵守情况	10	
	合　计	100	
评　语			
评价人		学　号	

表 5-12　教师评价表

班　级		姓　名		
项目名称		组　别		
评分内容		分　值	得　分	备　注
资　讯	起始情况评价	5		
	收集信息评价	5		

（续）

评分内容		分　值	得　分	备　注
计　划	工作计划情况	5		
决　策	解决问题情况	5		
实　施	零件加工分析	5		
	确定装夹方案	5		
	刀具正确选用及安装	5		
	确定加工方案	5		
	切削参数选用	5		
	编制加工工艺文件	5		
	编写加工程序	5		
	仿真加工验证	5		
	实际加工	5		
检　查	零件检测	10		
	上交文件齐全、正确	5		
评　价	完成工作量	5		
	工作效率及文明施工	5		
	学生自我评价	5		
	同组学生的评价	5		
	总　分	100		

评价教师		评　语	

【学后感言】

【思考与练习】

1. 编写如图5-6所示轴承闷盖的加工工艺文件和数控车削加工程序。
2. 编写如图5-7所示轴承通盖的加工工艺文件和数控车削加工程序。

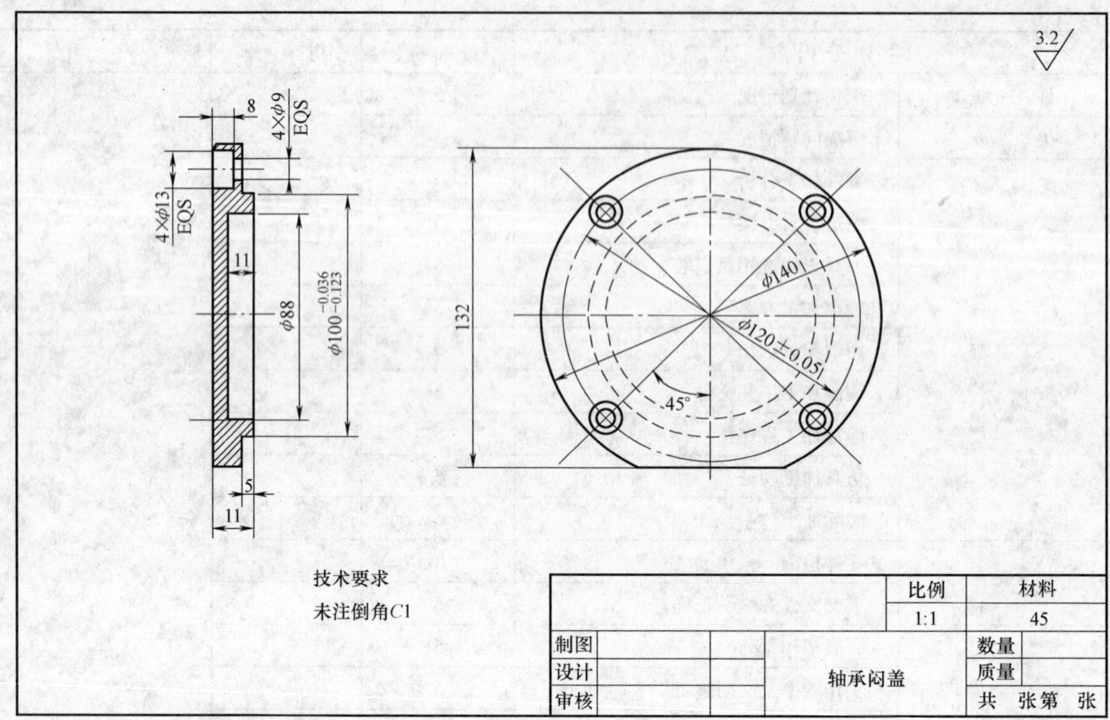

图 5-6 轴承闷盖

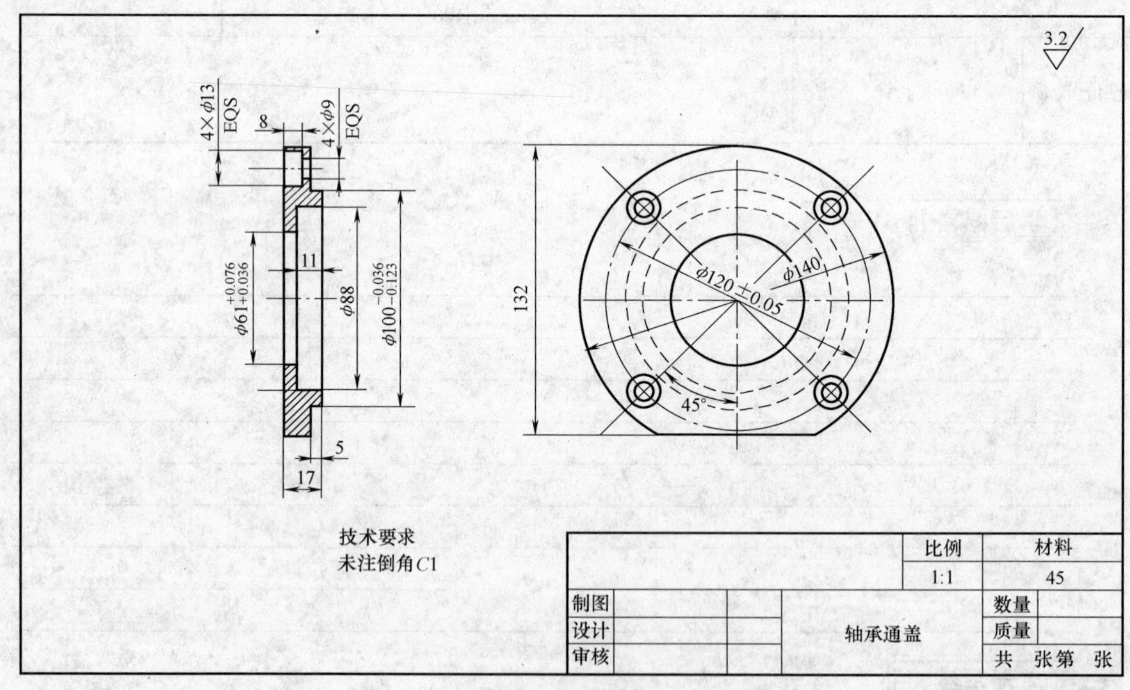

图 5-7 轴承通盖

项目6

综合类零件的数控车削加工

本项目通过完成综合类零件的数控车削加工，使学生掌握编制车削综合类零件的加工工艺文件的方法，能正确选择加工刀具及编写数控车削加工程序。

知识目标

1. 理解数控加工工艺知识。
2. 熟悉工件的定位、装夹方法。
3. 熟悉工艺文件。

技能目标

1. 会制定综合类零件的加工工艺路线。
2. 会选择刀具和切削用量。
3. 能编写综合类零件的加工工艺文件。

【工作任务】

任务1　轴类综合件的数控车削加工

任务2　套类综合件的数控车削加工

任务3　配合件的数控车削加工

任务1　轴类综合件的数控车削加工

根据图6-1a的要求，进行零件加工分析，确定装夹方式和加工方案，选择刀具和切削用量，填写工艺文件，编制加工程序，并完成零件加工。零件立体图见图6-1b。

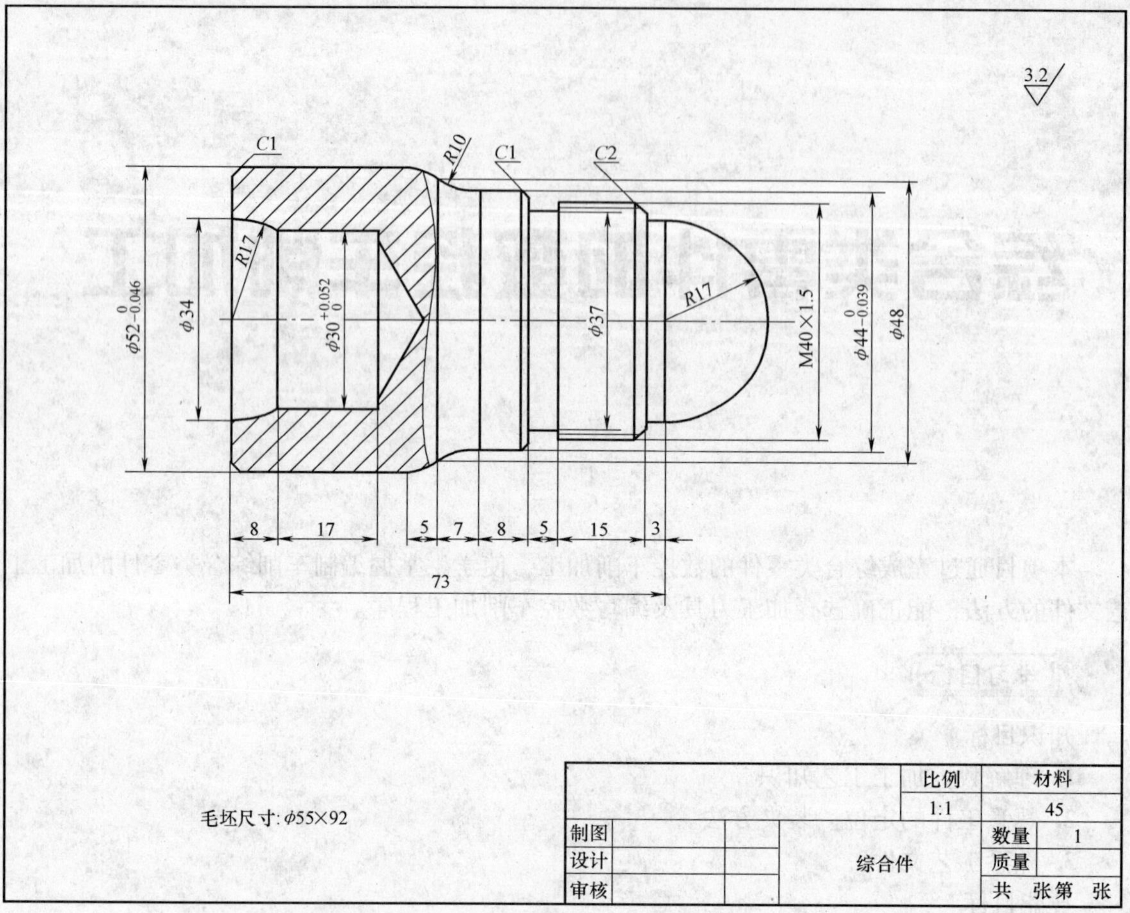

毛坯尺寸: $\phi55\times92$

				比例	材料
				1:1	45
制图			综合件	数量	1
设计				质量	
审核				共 张第 张	

a)

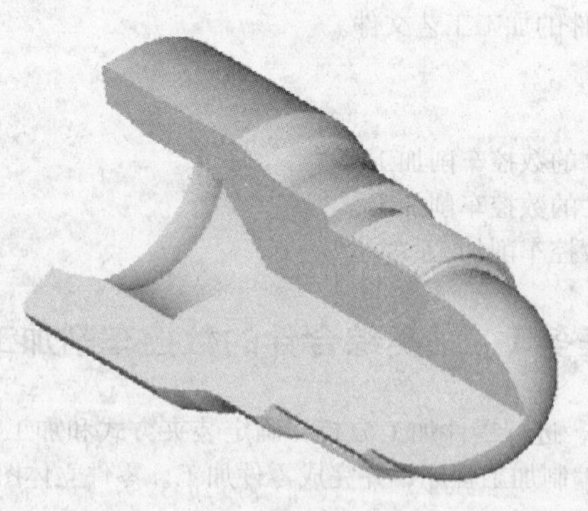

b)

图 6-1 轴类综合件

a）零件图 b）立体图

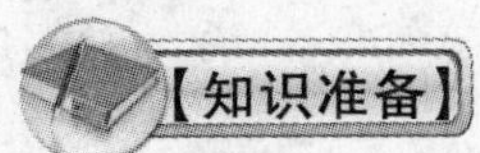
【知识准备】

一、加工方法的选择与加工方案的确定

1. 加工方法的选择

加工方法的选择应以满足加工精度和表面粗糙度的要求为原则。由于获得同一级加工精度及表面粗糙度的加工方法一般有许多，在实际选择时，要结合零件的形状、尺寸和热处理要求等全面考虑。

2. 加工方案的确定原则

1）零件上比较精密的尺寸及表面的加工，常常是通过粗加工、半精加工和精加工逐步达到的。对这些加工部位仅仅根据质量要求选择相应的加工方法是不够的，还应正确地确定从毛坯到最终成形的加工方案。

2）确定加工方案时，首先应根据主要表面的精度和表面粗糙度的要求，初步确定为达到这些要求所需要的加工方法。

二、切削用量的确定

1. 切削用量的选择原则

（1）粗加工时切削用量的选择原则　首先选取尽可能大的背吃刀量；其次要根据机床动力和刚性的限制条件等，选取尽可能大的进给量；最后根据刀具的寿命确定最佳的切削速度。

（2）精加工时切削用量的选择原则　首先根据粗加工后的余量确定背吃刀量；其次根据已加工表面的粗糙度要求，选取较小的进给量；最后在保证刀具寿命的前提下，尽可能选取较高的切削速度。

2. 切削用量的选择方法

（1）背吃刀量 a_p 的选择　主要根据加工余量确定：粗加工 $R_a10\mu m \sim R_a80\mu m$ 时，一次进给应尽可能切除全部余量。在中等功率机床上，背吃刀量可达 8 ~ 10mm。半精加工 $R_a1.25\mu m \sim R_a10\mu m$ 时，背吃刀量取为 0.5 ~2mm。精加工 $R_a0.32\mu m \sim R_a1.25\mu m$ 时，背吃刀量取为 0.2 ~0.4mm。

（2）进给量 f（进给速度 v_f）的选择　进给量（进给速度）是数控机床切削用量中的重要参数，应根据零件的表面粗糙度、加工精度要求、刀具及工件材料等因素，参考切削用量手册选取。

（3）切削速度 v_c 的选择　应根据已经选定的背吃刀量、进给量及刀具寿命选择切削速度。可用经验公式计算，也可根据生产实践经验在机床说明书允许的切削速度范围内查表选取，或者参考有关切削用量手册选用。

【任务实施】

教学组织实施建议：采取分组实训的形式，通过任务驱动法、小组讨论法、讲授法、演示法等组织教学。

一、零件加工分析

零件由 $R17$mm、$R10$mm 外圆弧面，M40×1.5 外螺纹，$\phi44_{-0.039}^{0}$mm、$\phi52_{-0.046}^{0}$mm 外圆柱面，$R17$mm 内圆弧面，$\phi30_{0}^{+0.052}$mm 内孔，退刀槽组成。其中 $\phi44_{-0.039}^{0}$mm、$\phi52_{-0.046}^{0}$mm 外圆柱面，$\phi30_{0}^{+0.052}$mm 内孔，M40×1.5 外螺纹为重要表面，零件需要两头加工。

二、确定装夹方案

毛坯为 45 钢棒料，尺寸为 $\phi55$mm×92mm，选用三爪自定心卡盘装夹。

三、确定加工方案

1）装夹工件，外露 40mm（见图 6-2a）。

2）钻孔 $\phi27$mm，深 25mm。

3）车端面，见平即可。

4）粗、精加工 $\phi52_{-0.046}^{0}$mm 外圆柱面至尺寸，倒角 $C1$。

5）粗、精加工 $\phi30_{0}^{+0.052}$mm 内孔，$R17$mm 内圆弧面至尺寸。

6）调头，装夹 $\phi52_{-0.046}^{0}$mm 外圆柱面，外露 65mm（见图 6-2b）。

7）车端面，保证总长 90mm。

8）粗、精加工 $R17$mm 外圆弧面，M40×1.5 外螺纹顶径，$\phi44_{-0.039}^{0}$mm 外圆柱面，$R10$mm 外圆弧面，锥面至尺寸，倒角。

9）加工螺纹退刀槽。

10）车 M40×1.5 内螺纹至尺寸，工件加工完成。

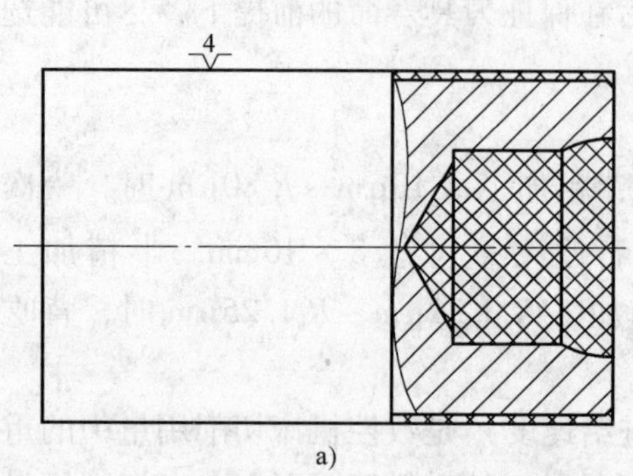

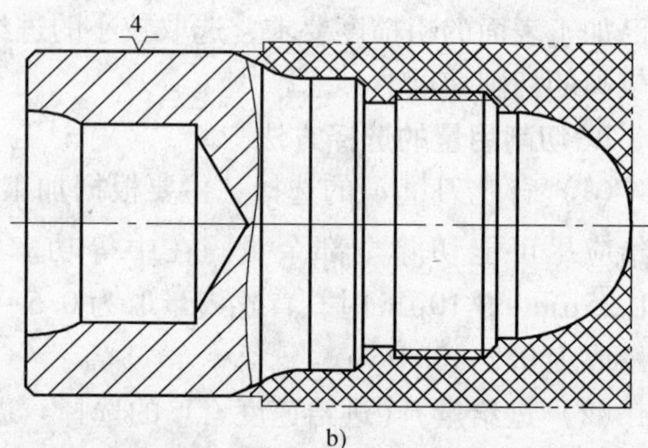

图 6-2　工序简图（轴类综合件）

四、选择刀具和切削用量

1. 确定刀具

（1）麻花钻　$\phi27$mm，见图 4-3。

（2）93°外圆车刀　刀尖角 55°，见图 2-12。

（3）切槽刀　刀宽 4mm，见图 2-13。

（4）外螺纹车刀　刀尖角为 60°，见图 3-12。

（5）内孔车刀　$\phi20$mm，见图 4-4。

2. 确定切削用量

（1）钻孔 $n=450\text{r/min}$。

（2）外圆

粗加工：$n=800\text{r/min}$，$f=0.2\text{mm/r}$，$a_p=2\text{mm}$；

精加工：$n=1200\text{r/min}$，$f=0.08\text{mm/r}$，$a_p=0.5\text{mm}$。

（3）内孔

粗加工：$n=800\text{r/min}$，$f=0.2\text{mm/r}$，$a_p=1\text{mm}$；

精加工：$n=1000\text{r/min}$，$f=0.1\text{mm/r}$，$a_p=0.5\text{mm}$。

（4）外螺纹 $n=600\text{r/min}$，$f=1.5\text{mm/r}$，$a_p=0.5\sim0.05\text{mm}$。

五、填写工艺文件（表6-1、表6-2）

表6-1 数控加工刀具卡片

序号	刀具号	刀具名称	刀具参数	被加工表面
1		麻花钻	ϕ27mm	ϕ27mm 孔
2	T1	93°外圆车刀	刀尖角55°	零件外圆各表面
3	T4	切槽刀	4mm	零件右端5mm退刀槽
4	T3	外螺纹车刀	刀尖角60°	M40×1.5外螺纹
5	T2	内孔车刀	ϕ20mm	内孔

表6-2 数控加工工序卡片

数控加工工序卡片			工序号		工序内容			
（单位）			零件名称		材料	夹具名称	使用设备	
					45钢	三定自定心卡盘	数控车床	
工步号	程序号	工步内容	刀具号	刀具规格	主轴转速 n/(r/min)	进给量 f/(mm/r)	背吃刀量 a_p/mm	备注
1	O0001	钻孔		ϕ27mm	450			
2		车端面	T1		800	0.1	0.2	
3		粗车外圆	T1		800	0.2	2	
4		精车外圆	T1		1200	0.08	0.5	
5		粗车内孔	T2		800	0.2	1	
6		精车内孔	T2		1000	0.1	0.5	
调头								
7	O0002	车端面	T1		800	0.1	0.2	
8		粗车外轮廓	T1		800	0.2	1	
9		精车外轮廓	T1		1200	0.08	0.5	
10		切槽	T4		500	0.05	4	
11		车外螺纹	T3		600	1.5		
编制			审核			第 页		共 页

六、编制数控车削加工程序（参考）

1. FANUC 0i Mate-TC 程序

O0001（见图 6-2a）	
N010 M03 S800	N140 G00 X26 Z1
N020 T0101	N150 G71 U1 R0.5
N030 G00 X56 Z1	N160 G71 P170 Q210 U-1 F0.2
N040 G71 U2 R1	N170 G00 X34
N050 G71 P60 Q90 F0.2	N180 G01 Z0
N060 G00 X50	N190 G03 X30 Z-8 R17
N070 G01 Z0	N200 Z-25
N080 G01 X52 Z-1	N210 X23
N090 G01 Z-35	N220 G70 P170 Q210 S1000 F0.1
N100 G70 P60 Q90 S1200 F0.08	N230 G00 X100 Z100
N110 G00 X100 Z100	N240 M05
N120 T0202	N250 M30
N130 S800	
O0002（见图 6-2b）	
N010 M03 S800	N200 T0404
N020 T0101	N210 M03 S500
N030 G00 X56 Z1	N220 G00 X56 Z1
N040 G71 U2 R1	N230 G00 X45 Z-40
N050 G71 P60 Q170 U1 F0.2	N240 G01 X37 F0.05
N060 G00 X0	N250 G00 X45
N070 G01 Z0	N260 G00 Z-39
N080 G03 X34 Z-17 R17	N270 G01 X37
N090 G01 Z-20	N280 G00 X100
N100 G01 X36	N290 G00 Z100
N110 G01 X39.8 Z-22	N300 T0303
N120 G01 Z-40	N310 M03 S600
N130 G01 X42	N320 G00 X56 Z1
N140 G01 X44 Z-41	N330 G76 P010060 Q50 R0.05
N150 G01 Z-48	N340 G76 X38.05 Z-37 R0 P975 Q400 F1.5
N160 G02 X48 Z-55 R10	N350 G00 X100 Z100
N170 G01 X52 Z-60	N360 M05
N180 G70 P60 Q170 S1200 F0.08	N370 M30
N190 G00 X100 Z100	

2. HNC-21T 程序

%0001（见图6-2a）	
N010 G90 G95	N120 S800
N020 M03 S800	N130 G00 X26 Z1
N030 T0101	N140 G71 U2 R1 P150 Q190 X-0.5 F0.2
N040 G00 X56 Z1	N150 G00 X34 S1000 F0.1
N050 G71 U2 R1 P60 Q90 X0.5 F0.2	N160 G01 Z0
N060 G00 X50 S1200 F0.08	N170 G03 X30 Z-8 R17
N070 G01 Z0	N180 Z-25
N080 G01 X52 Z-1	N190 X23
N090 G01 Z-35	N200 G00 X100 Z100
N100 G00 X100 Z100	N210 M05
N110 T0202	N220 M30

%0002（见图6-2b）	
N010 G90 G95	N190 T0404
N020 M03 S800	N200 M03 S500
N030 T0101	N210 G00 X56 Z1
N040 G00 X56 Z1	N220 G00 X45 Z-40
N050 G71 U2 R1 P60 Q170 X0.5 F0.2	N230 G01 X37 F0.05
N060 G00 X0 S1200 F0.1	N240 G00 X45
N070 G01 Z0	N250 G00 Z-39
N080 G03 X34 Z-17 R17	N260 G01 X37
N090 G01 Z-20	N270 G00 X100
N100 G01 X36	N280 G00 Z100
N110 G01 X39.8 Z-22	N290 T0303
N120 G01 Z-40	N300 M03 S600
N130 G01 X42	N310 G00 X56 Z1
N140 G01 X44 Z-41	N320 G76 C2 A60 X38.05 Z-37 K0.975 U0.05 V0.05 Q0.5 F1.5
N150 G01 Z-48	N330 G00 X100 Z100
N160 G02 X48 Z-55 R10	N340 M05
N170 G01 X52 Z-60	N350 M30
N180 G00 X100 Z100	

3. SINUMERIK 802S/C 程序

XM611.MPF（见图6-2a）	
N010 G90 G95	N040 G00 X56 Z1
N020 M03 S800	N50 _CNAME="AA13"
N030 T1D1	N60 R105=9 R106=0.25 R108=2 R109=0 R110=1 R111=0.2 R112=0.08

（续）

N70 LCYC95	N130 R105 = 11 R106 = 0. 25 R108 = 1 R109 = 0 R110 = 0. 5 R111 = 0. 2 R112 = 0. 1
N80 G00 X100 Z100	N140 LCYC95
N90 T2D1	N150 G00 X100 Z100
N100 S800	N160 M05
N110 G00 X26 Z1	N170 M2
N120 _ CNAME = "AA14"	
AA13. SPF（“XM611. MPF” 外轮廓子程序）	
N060 G00 X50 S1200 F0. 08	N090 G01 Z – 35
N070 G01 Z0	N100 M17
N080 G01 X52 Z – 1	
AA14. SPF（“XM611. MPF” 内轮廓子程序）	
N130 G00 X34 S1000 F0. 1	N160 Z – 25
N140 G01 Z0	N170 X23
N150 G03 X30 Z – 8 CR = 17	N180 M17
XM612. MPF（见图 6-2b）	
N010 G90 G95	N140 G00 X45
N020 M03 S800	N150 G00 Z – 39
N030 T1D1	N160 G01 X37
N040 G00 X56 Z1	N170 G00 X100
N050 _ CNAME = "AA15"	N180 G00 Z100
N060 R105 = 9 R106 = 0. 25 R108 = 2 R109 = 0 R110 = 1 R111 = 0. 2 R112 = 0. 1	N190 T3D1
N070 LCYC95	N200 M03 S600
N080 G00 X100 Z100	N210 G00 X56 Z1
N090 T4D1	N220 R100 = 38. 05 R101 = – 20 R102 = 38. 05 R103 = – 35 R104 = 1. 5 R105 = 1 R106 = 0. 1 R109 = 5 R110 = 2 R111 = 0. 975 R112 = 0 R113 = 5 R114 = 1
N100 M03 S500	N230 LCYC97
N110 G00 X56 Z1	N240 G00 X100 Z100
N120 G00 X45 Z – 40	N250 M05
N130 G01 X37 F0. 05	N260 M2
AA15. SPF	
N060 G00 X0 S1200 F0. 1	N130 G01 X42
N070 G01 Z0	N140 G01 X44 Z – 41
N080 G03 X34 Z – 17 CR = 17	N150 G01 Z – 48
N090 G01 Z – 20	N160 G02 X48 Z – 55 CR = 10
N100 G01 X36	N170 G01 X52 Z – 60
N110 G01 X39. 8 Z – 22	N180 M17
N120 G01 Z – 40	

【完成学习工作页】（表6-3、表6-4）

表6-3　工具和量具清单

组　别			项目名称			
零件图号			零件名称			
种　类	序　号	名　称	规　格	精　度	单　位	数　量
工　具						
量　具						
编　制			审　核		日　期	

表6-4　零件评分表

班　级				姓　名		
序　号	项　目	配分 IT	配分 R_a	得分 IT	得分 R_a	备　注
1	$\phi44_{-0.039}^{0}$mm	5	2			超差不得分
2	$\phi52_{-0.046}^{0}$mm	5	2			超差不得分
3	$\phi30_{0}^{+0.052}$mm	5	2			超差不得分
4	M40×1.5螺纹	8	3			超差不得分
5	R17mm圆弧	3	2			超差不得分
6	R10mm圆弧	3	2			超差不得分
7	R17mm内圆弧	3	2			超差不得分
8	退刀槽	4				超差不得分
9	长度73mm	4				超差不得分
10	倒角三处	3				超差不得分
11	其余表面		2			超差不得分
12	程序编制	10				酌情扣分
13	机床操作	10				酌情扣分
14	装刀、对刀	5				酌情扣分
15	量具使用	5				酌情扣分
16	安全文明操作	10				酌情扣分
	合　计	100				

任务2　套类综合件的数控车削加工

根据图6-3a的要求，进行零件加工分析，确定装夹方式和加工方案，选择刀具和切削用量，填写工艺文件，编制加工程序，并完成零件加工。零件立体图见图6-3b。

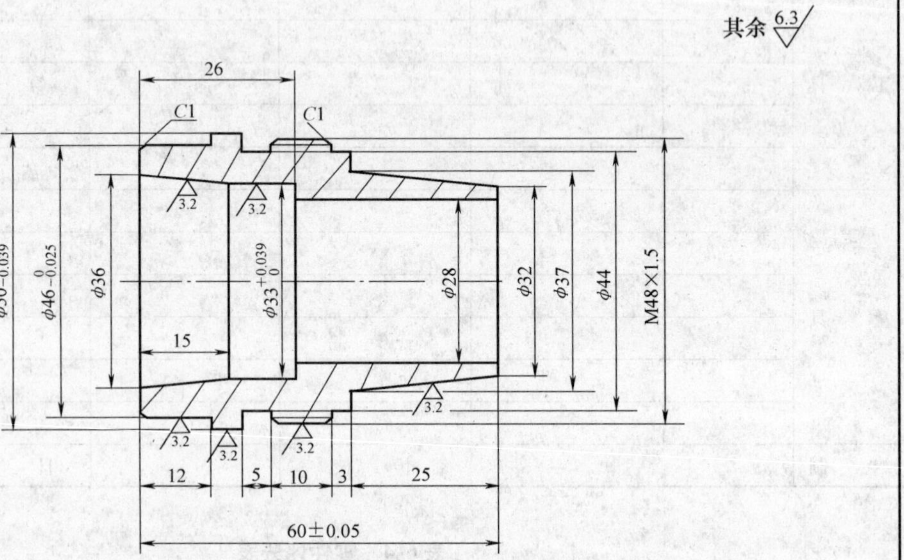

其余 6.3

未注倒角C0.5
锥度研合面>75%

毛坯尺寸：$\phi55\times63$

				比例	材料
				1:1	45
制图			综合件	数量	1
设计				质量	
审核				共　张第　张	

a)

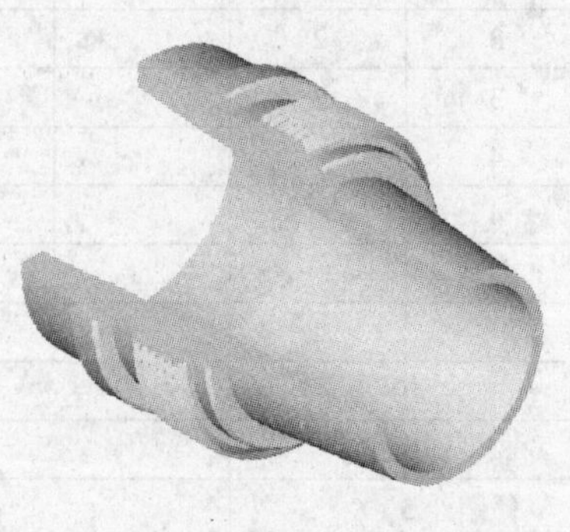

b)

图6-3　套类综合件
a）零件图　b）立体图

【知识准备】

在零件的机械加工工艺过程中，合理选择定位基准对保证零件的尺寸精度和相互位置精度起决定性作用。

一、粗基准的选择原则

选择粗基准时，必须达到两个基本要求：首先应该保证所有加工表面都有足够的加工余量；其次应该保证零件上加工表面和不加工表面之间具有一定的位置精度。粗基准的选择原则如下：

1）选择不加工表面作为粗基准。

2）对所有表面都要加工的零件，应根据加工余量最小的表面找正。

3）应该选用比较牢固可靠的表面作为基准，否则会导致工件夹坏或松动。

4）粗基准应选择平整光滑的表面。

5）粗基准不能重复使用。

二、精基准的选择原则

（1）基准重合原则

1）尽可能采用设计基准或装配基准作为定位基准。

2）尽可能使定位基准和测量基准重合。

（2）基准统一原则　除第一道工序外，其余工序尽量采用同一个精基准。基准统一后，可以减少定位误差，提高加工精度，使装夹方便。

（3）自为基准原则　某些要求加工余量小而均匀的精加工工序，选择加工表面本身作为定位基准，称为自为基准原则。

（4）互为基准原则　当对工件上两个相互位置精度要求很高的表面进行加工时，需要用两个表面互相作为基准，反复进行加工，以保证位置精度要求。

（5）便于装夹原则　选择精度较高、装夹稳定可靠的表面作为精基准，并尽可能选用形状简单和尺寸较大的表面作为精基准，使夹具设计简单，操作方便。

【任务实施】

教学组织实施建议：采取分组实训的形式，通过任务驱动法、小组讨论法、讲授法、演示法等组织教学。

一、零件加工分析

零件由$\phi50_{-0.039}^{\ 0}$mm、$\phi46_{-0.025}^{\ 0}$mm、$\phi44$mm 外圆柱面，$\phi33_{\ 0}^{+0.039}$mm、$\phi28$mm 内孔，内、外圆锥面，退刀槽，M48×1.5 外螺纹组成，其中$\phi50_{-0.039}^{\ 0}$mm、$\phi46_{-0.025}^{\ 0}$mm 外圆柱面，$\phi33_{\ 0}^{+0.039}$mm 内孔，M48×1.5 外螺纹为重要表面。

二、确定装夹方案

毛坯为 45 钢棒料，尺寸为$\phi55$mm×63mm，选用三爪自定心卡盘装夹。

三、确定加工方案

1）装夹工件，外露25mm（见图6-4a）。
2）钻孔 $\phi28$mm，深63mm。
3）车端面，见平即可。
4）粗、精加工 $\phi50_{-0.039}^{0}$mm、$\phi46_{-0.025}^{0}$mm外圆柱面至尺寸，倒角。
5）粗、精加工 $\phi33_{0}^{+0.039}$mm内孔、内圆锥面至尺寸。
6）调头，装夹 $\phi46_{-0.025}^{0}$mm外圆柱面，外露50mm（见图6-4b）。
7）车端面，保证总长（60 ±0.05）mm，并对刀。
8）粗、精加工外圆锥面、$\phi44$mm外圆柱面、外螺纹顶径至尺寸，倒角。
9）加工螺纹退刀槽。
10）车M48 ×1.5外螺纹至尺寸，工件加工完成。

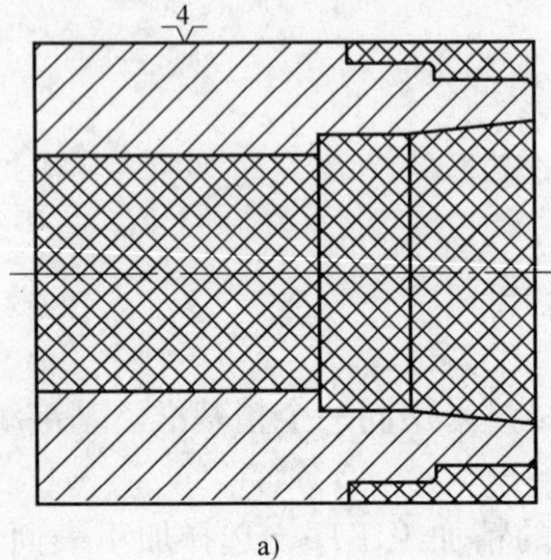

a)

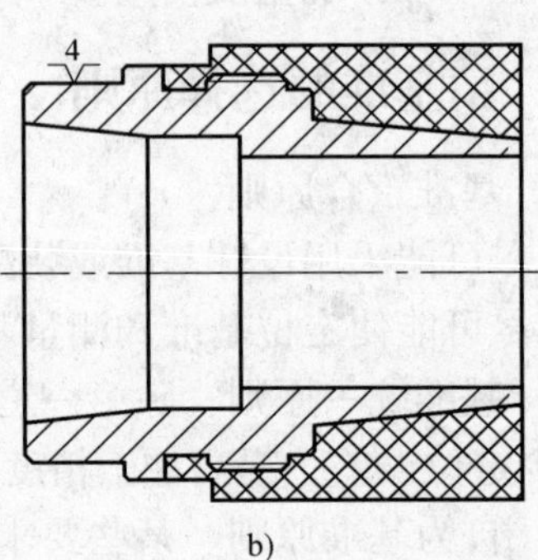

b)

图6-4　工序简图（套类综合件）

四、选择刀具和切削用量

1. 确定刀具

（1）麻花钻　$\phi28$mm，见图4-3。
（2）93°外圆车刀　刀尖角55°，见图2-12。
（3）切槽刀　刀宽4mm，见图2-13。
（4）外螺纹车刀　刀尖角为60°，见图3-12。
（5）内孔车刀　$\phi20$mm，见图4-4。

2. 确定切削用量

（1）钻孔　$n=450$r/min。
（2）外圆
粗加工：$n=800$r/min，$f=0.2$mm/r，$a_p=2$mm；
精加工：$n=1200$r/min，$f=0.08$mm/r，$a_p=0.5$mm。
（3）内孔
粗加工：$n=800$r/min，$f=0.2$mm/r，$a_p=1$mm；

精加工：$n=1000\text{r/min}$，$f=0.1\text{mm/r}$，$a_p=0.5\text{mm}$。

（4）外螺纹 $n=600\text{r/min}$，$f=1.5\text{mm/r}$，$a_p=0.5\sim0.05\text{mm}$。

五、填写工艺文件（表6-5、表6-6）

表6-5 数控加工刀具卡片

序 号	刀 具 号	刀具名称	刀具参数	被加工表面
1		麻花钻	ϕ28mm	ϕ28mm 孔
2	T1	93°外圆车刀	刀尖角55°	零件外圆各表面
3	T4	切槽刀	4mm	零件5mm退刀槽
4	T3	外螺纹车刀	刀尖角60°	M40×1.5外螺纹
5	T2	内孔车刀	ϕ20mm	内孔

表6-6 数控加工工序卡片

数控加工工序卡片				工序号		工序内容			
（单位）				零件名称		材 料	夹具名称		使用设备
				套类综合件		45钢	三爪自定心卡盘		数控车床
工步号	程序号	工步内容	刀具号	刀具规格		主轴转速 n/(r/min)	进给量 f/(mm/r)	背吃刀量 a_p/mm	备 注
1	O0001	钻孔		ϕ28mm		450			
2		车端面	T1			800	0.1	0.2	
3		粗车外轮廓	T1			800	0.2	2	
4		精车外轮廓	T1			1200	0.08	0.5	
5		粗车内孔	T2			800	0.2	1	
6		精车内孔	T2			1000	0.1	0.5	
调头									
7	O0002	车端面	T1			800	0.1	0.2	
8		粗车外轮廓	T1			800	0.2	2	
9		精车外轮廓	T1			1200	0.08	0.5	
10		切槽	T4			500	0.05	4	
11		车外螺纹	T3			600	1.5		
编 制			审 核				第 页		共 页

六、编制数控车削加工程序（参考）

1. FANUC 0i Mate-TC 程序

O0001（见图 6-4a）	
N010 M03 S800	N150 T0202
N020 T0101	N160 M03 S800
N030 G00 X56 Z1	N170 G00 X27 Z1
N040 G71 U2 R1	N180 G71 U1 R0. 5
N050 G71 P60 Q120 U1 F0. 2	N190 G71 P200 Q240 U- 0. 5 F0. 2
N060 G00 X44	N200 G00 X36
N070 G01 Z0	N210 G01 Z0
N080 G01 X46 Z – 1	N220 G01 X33 Z – 15
N090 G01 Z – 12	N230 G01 Z – 26
N100 G01 X49	N240 G01 X28
N110 G01 X50 Z – 12. 5	N250 G70 P200 Q240 S1000 F0. 1
N120 G01 Z – 23	N260 G00 X100 Z100
N130 G70 P60 Q120 S1200 F0. 08	N270 M05
N140 G00 X100 Z100	N280 M30

O0002（见图 6-4b）	
N010 M03 S800	N200 G00 Z – 43
N020 T0101	N210 G01 X44 F0. 05
N030 G00 X56 Z1	N220 G00 X49
N040 G71 U2 R1	N230 G00 Z – 42
N050 G71 P60 Q140 U1 F0. 2	N240 G01 X44
N060 G00 X32	N250 G00 X100 Z100
N070 G01 Z0	N260 T0303
N080 G01 X37 Z – 25	N270 G00 X50 Z1
N090 G01 X43	N280 G92 X47 Z – 40 F1. 5
N100 G01 X44 Z – 25. 5	N290 X46. 5
N110 G01 Z – 28	N300 X46. 3
N120 G01 X45. 8	N310 X46. 2
N130 G01 X47. 8 Z – 29	N320 X46. 1
N140 G01 Z – 40	N330 X46. 05
N150 G70 P60 Q130 S1200 F0. 08	N340 X46. 05
N160 G00 X100 Z100	N350 G00 X100 Z100
N170 T0404	N360 M05
N180 M03 S500	N370 M30
N190 G00 X49 Z1	

2. HNC-21T 程序

%0001（见图 6-4a）	
N010 G90 G95	N140 T0202
N020 M03 S800	N150 M03 S800
N030 T0101	N160 G00 X27 Z1
N040 G00 X56 Z1	N170 G71 U1 R0.5 P180 Q220 X-0.5 F0.2
N050 G71 U2 R1 P60 Q120 X1 F0.2	N180 G00 X36 S1000 F0.1
N060 G00 X44 S1200 F0.08	N190 G01 Z0
N070 G01 Z0	N200 G01 X33 Z-15
N080 G01 X46 Z-1	N210 G01 Z-26
N090 G01 Z-12	N220 G01 X28
N100 G01 X49	N230 G00 X100 Z100
N110 G01 X50 Z-12.5	N240 M05
N120 G01 Z-23	N250 M30
N130 G00 X100 Z100	

%0002（见图 6-4b）	
N010 G90 G95	N160 T0404
N020 M03 S800	N170 M03 S500
N030 T0101	N180 G00 X49 Z1
N040 G00 X56 Z1	N190 G00 Z-43
N050 G71 U2 R1 P60 Q140 X1 F0.2	N200 G01 X44 F0.05
N060 G00 X32 S1200 F0.08	N210 G00 X49
N070 G01 Z0	N220 G00 Z-42
N080 G01 X37 Z-25	N230 G01 X44
N090 G01 X43	N240 G00 X100 Z100
N100 G01 X44 Z-25.5	N250 T0303
N110 G01 Z-28	N260 G00 X50 Z1
N120 G01 X45.8	N270 G76 C2 A60 X38.05 Z-37 K0.975 U0.05 V0.05 Q0.5 F1.5
N130 G01 X47.8 Z-29	N280 G00 X100 Z100
N140 G01 Z-40	N290 M05
N150 G00 X100 Z100	N300 M30

3. SINUMERIK 802S/C 程序

XM621.MPF（见图 6-4a）	
N010 G90 G95	N050 _CNAME="AA16"
N020 M03 S800	N060 R105=9 R106=0.5 R108=2 R109=0 R110=1 R111=0.2 R112=0.08
N030 T1D1	N070 LCYC95
N040 G00 X56 Z1	N080 G00 X100 Z100

（续）

N090 T2D1	N140 LCYC95
N100 M03 S800	N150 G00 X100 Z100
N110 G00 X27 Z1	N160 M05
N120 _CNAME = "AA17"	N170 M2
N130 R105 = 11 R106 = 0.25 R108 = 1 R109 = 0 R110 = 0.5 R111 = 0.2 R112 = 0.1	
AA16. SPF（"XM431. MPF"的外轮廓子程序）	
N060 G00 X44 S1200 F0.08	N100 G01 X49
N070 G01 Z0	N110 G01 X50 Z-12.5
N080 G01 X46 Z-1	N120 G01 Z-23
N090 G01 Z-12	N130 M17
AA17. SPF（"XM431. MPF"的内轮廓子程序）	
N130 G00 X36 S1000 F0.1	N160 G01 Z-26
N140 G01 Z0	N170 G01 X28
N150 G01 X33 Z-15	N180 M17
XM622. MPF（见图 6-4b）	
N010 G90 G95	N130 G01 X44 F0.05
N020 M03 S800	N140 G00 X49
N030 T1D1	N150 G00 Z-42
N040 G00 X56 Z1	N160 G01 X44
N050 _CNAME = " AA18"	N170 G00 X100 Z100
N060 R105 = 9 R106 = 0.5 R108 = 2 R109 = 0 R110 = 1 R111 = 0.2 R112 = 0.08	N180 T3D1
N070 LCYC95	N190 G00 X50 Z1
N080 G00 X100 Z100	N200 R100 = 38.05 R101 = -25 R102 = 38.05 R103 = -38 R104 = 1.5 R105 = 1 R106 = 0.1 R109 = 5 R110 = 2 R111 = 0.975 R112 = 0 R113 = 5 R114 = 1
N090 T4D1	N210 LCYC97
N100 M03 S500	N220 G00 X100 Z100
N110 G00 X49 Z1	N230 M05
N120 G00 Z-43	N240 M2
AA18. SPF	
N060 G00 X32 S1200 F0.08	N110 G01 Z-28
N070 G01 Z0	N120 G01 X45.8
N080 G01 X37 Z-25	N130 G01 X47.8 Z-29
N090 G01 X43	N140 G01 Z-40
N100 G01 X44 Z-25.5	N150 M17

【完成学习工作页】（表6-7、表6-8）

表6-7　工具和量具清单

组　别			项目名称				
零件图号			零件名称				
种　类	序　号	名　称	规　格	精　度	单　位	数　量	
工　具							
量　具							
编　制			审　核		日　期		

表6-8　零件评分表

班　级				姓　名		
序　号	项　目	配　分		得　分		备　注
		IT	R_a	IT	R_a	
1	$\phi46_{-0.025}^{0}$ mm	6	3			超差不得分
2	$\phi50_{-0.039}^{0}$ mm	6	3			超差不得分
3	$\phi33_{0}^{+0.039}$ mm	6	3			超差不得分
4	M48×1.5 螺纹	10	2			超差不得分
5	外锥面	4	2			超差不得分
6	内锥面	4	2			超差不得分
7	长度（60±0.05）mm	5				超差不得分
8	倒角两处	2				超差不得分
9	其余表面		2			超差不得分
10	程序编制	10				酌情扣分
11	机床操作	10				酌情扣分
12	装刀、对刀	5				酌情扣分
13	量具使用	5				酌情扣分
14	安全文明操作	10				酌情扣分
	合　计	100				

任务3　配合件的数控车削加工

根据图6-5～图6-8的要求，进行零件加工分析，确定装夹方式和加工方案，选择刀具和切削用量，填写工艺文件，编制加工程序，并完成零件加工。

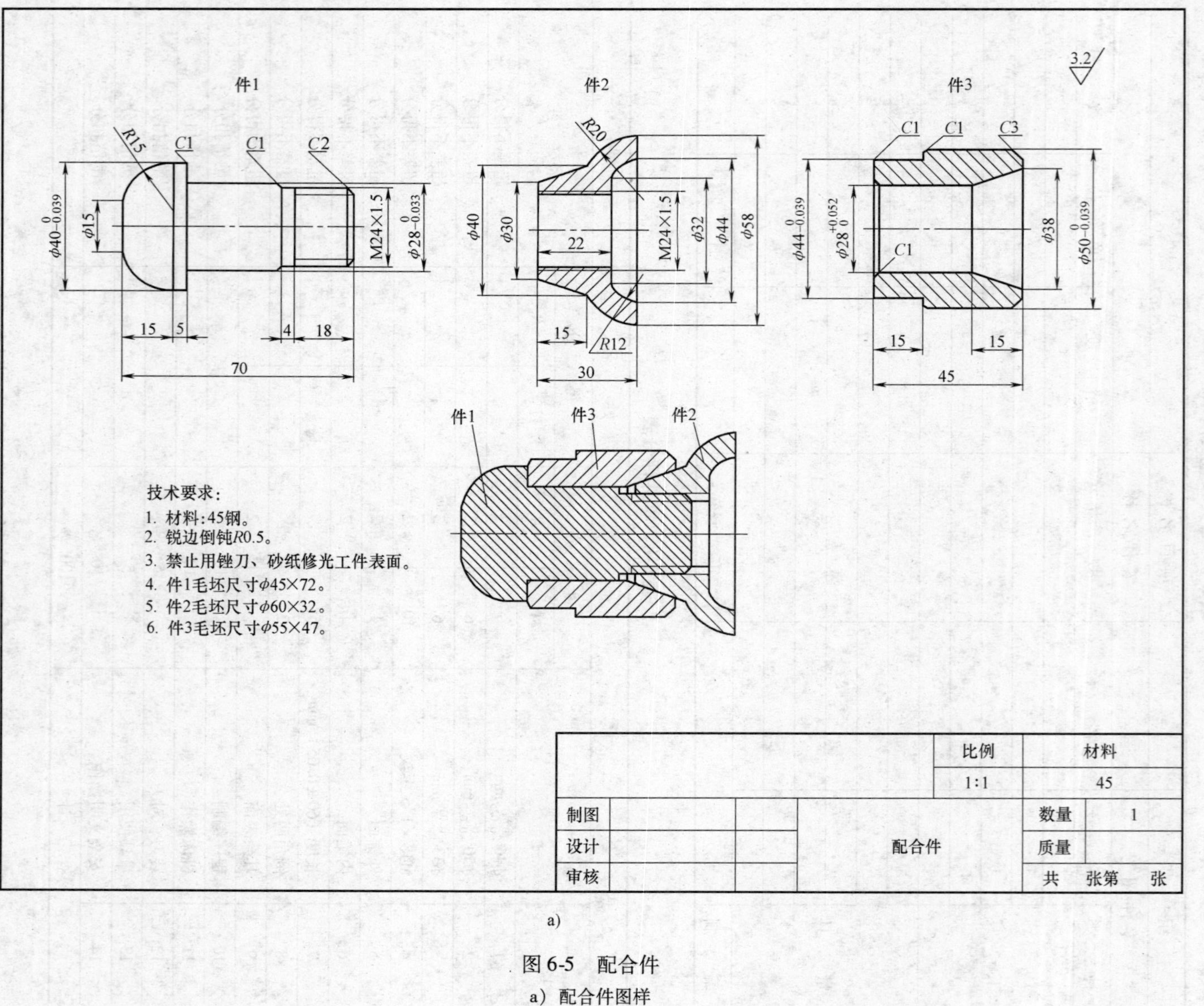

a)

图 6-5 配合件

a）配合件图样

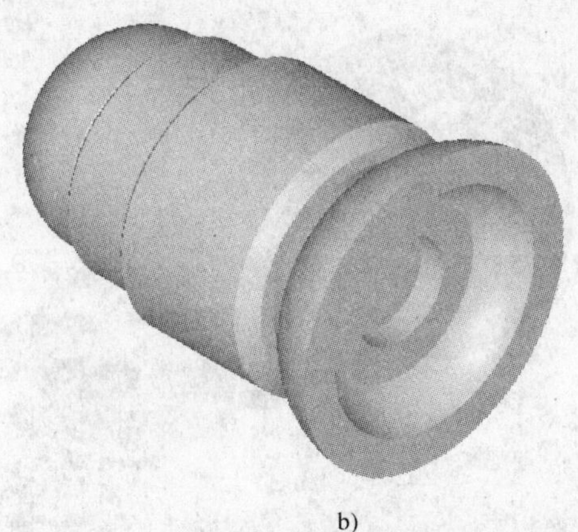

b)

图 6-5　配合件（续）

b）配合件立体图

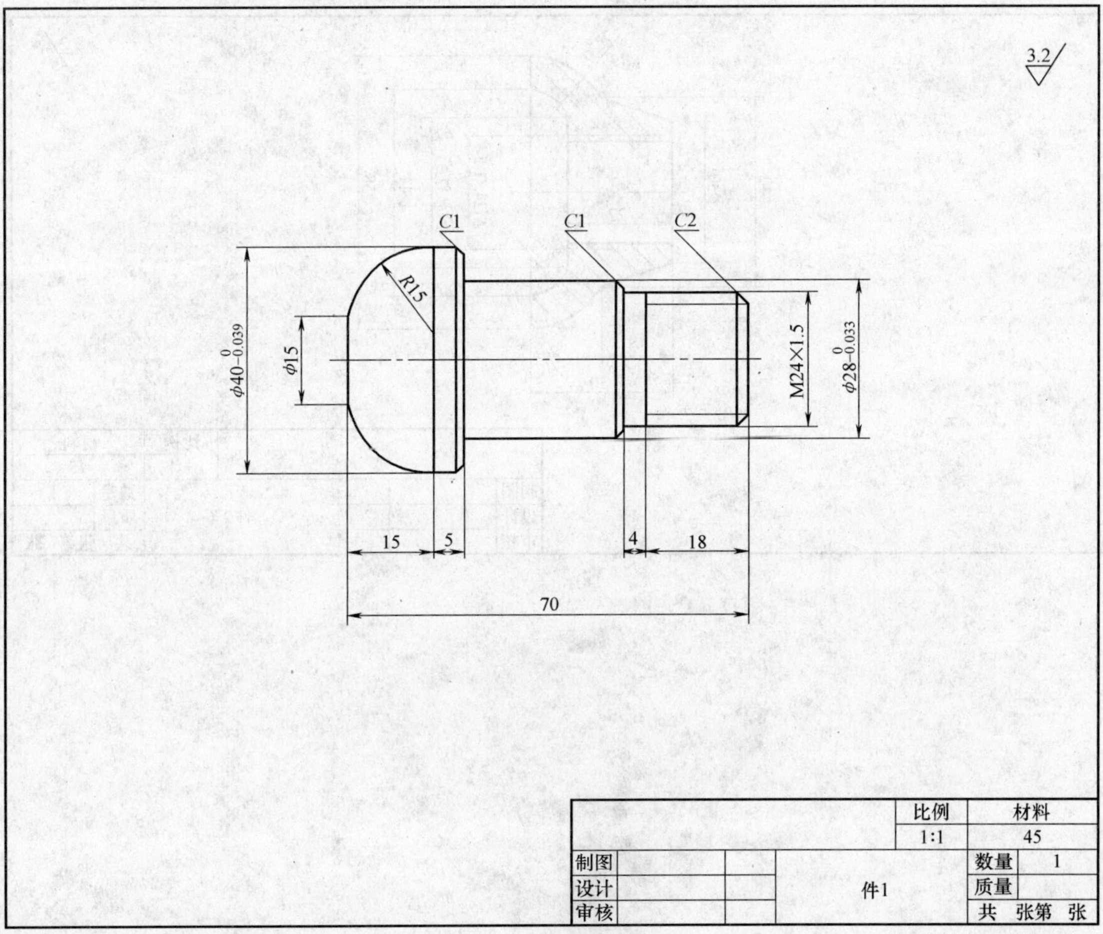

3.2

C1　C1　C2

R15

$\phi 40_{-0.039}^{0}$

$\phi 15$

M24×1.5

$\phi 28_{-0.033}^{0}$

15　5　4　18

70

			比例	材料
			1:1	45
制图			件1	数量　1
设计				质量
审核				共　张第　张

a)

图 6-6　件 1

a）件 1 零件图

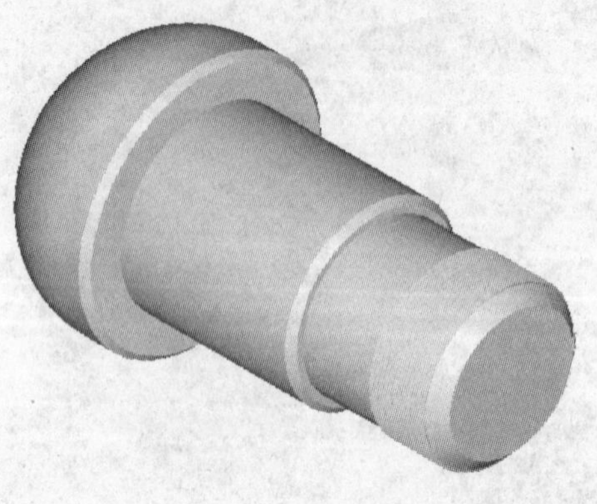

b)

图 6-6 件 1（续）
b）件 1 立体图

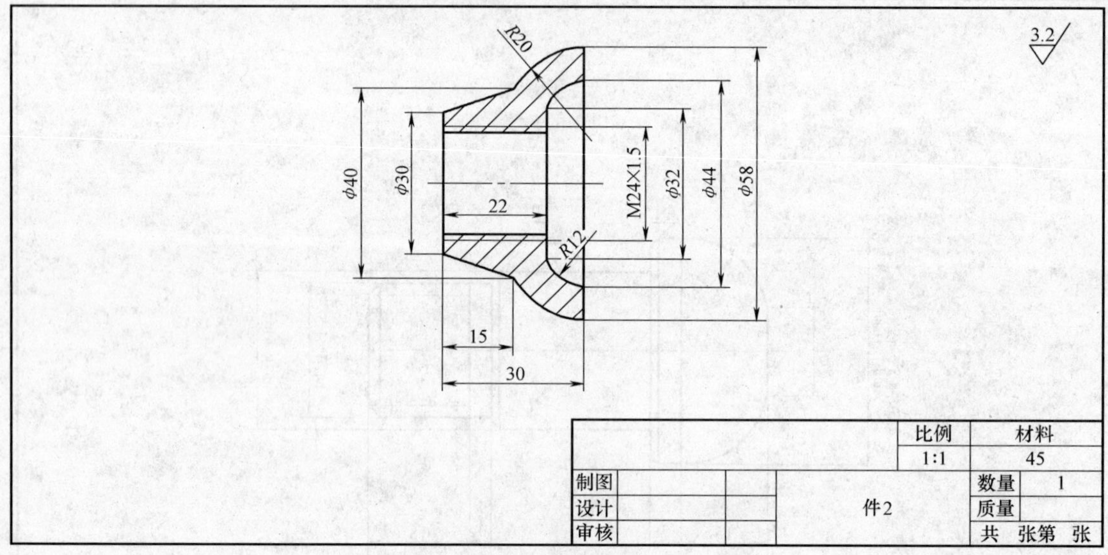

a)

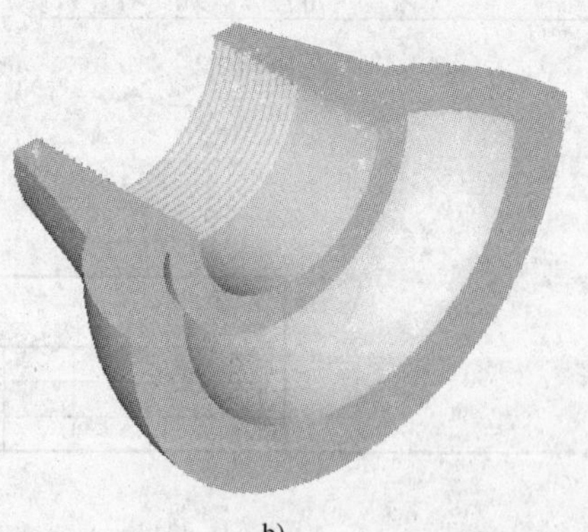

b)

图 6-7 件 2
a）件 2 零件图 b）件 2 立体图

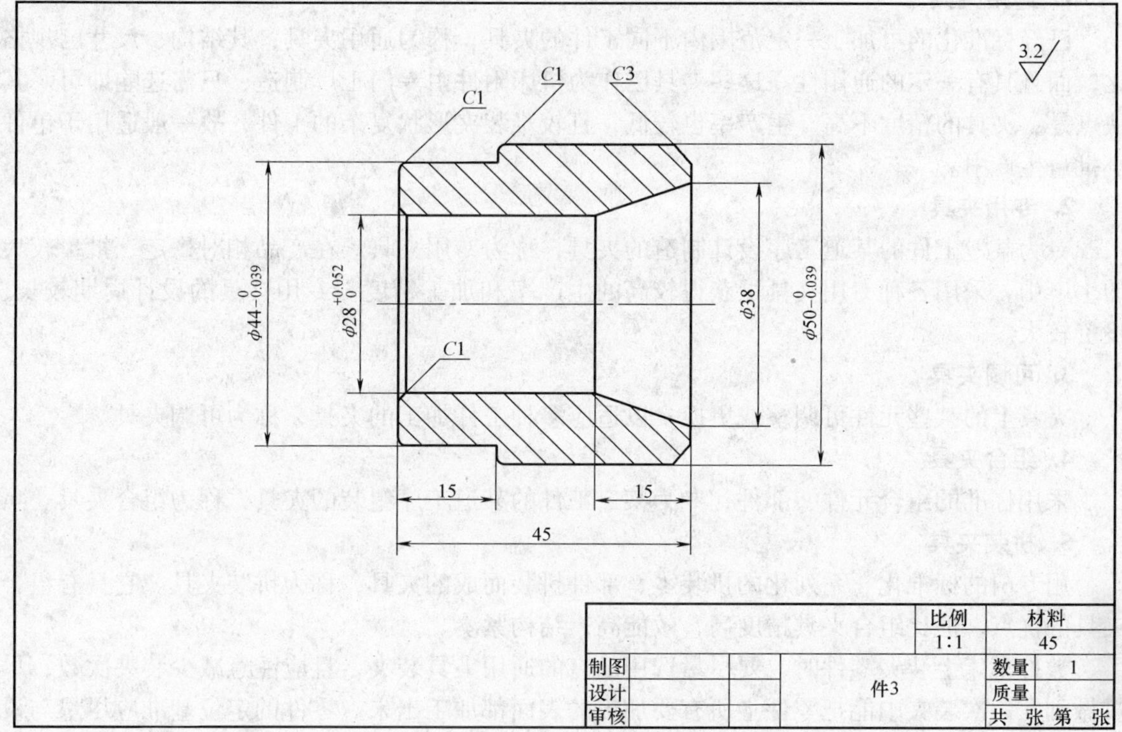

a)

b)

图 6-8　件 3

a）件 3 零件图　b）件 3 立体图

【知识准备】

数控车床多采用三爪自定心卡盘夹持工件；轴类工件还可采用尾座顶尖支持工件。此外，数控车床加工中还有其他相应的夹具，以保证工件的加工精度，稳定产品质量；提高劳动生产率和降低成本；改善工人劳动条件，保证安全生产；扩大机床工艺范围，实现“一机多用”。

1. 通用夹具

已经标准化的可加工一定范围内不同工件的夹具，称为通用夹具，其结构、尺寸已规格化，而且具有一定的通用性。这些夹具已作为机床附件由专门工厂制造，只需选购即可。其缺点是：夹具的精度不高，生产率也较低，且较难装夹形状复杂的工件，故一般适用于单件小批量生产中。

2. 专用夹具

专为某一工件的某道工序设计制造的夹具，称为专用夹具。在产品相对稳定、批量较大的生产中，采用各种专用夹具可获得较高的生产率和加工精度。专用夹具的设计周期较长，投资较大。

3. 可调夹具

夹具上的某些元件可调整或更换，以适应多种工件加工的夹具，称为可调夹具。

4. 组合夹具

采用标准的组合元件、部件，专为某一工件的某道工序组装的夹具，称为组合夹具。

5. 拼装夹具

用专门的标准化、系列化的拼装零、部件拼装而成的夹具，称为拼装夹具。它具有组合夹具的优点，但比组合夹具精度高，效能高，结构紧凑。

数控车床上装夹零件时，要尽量选用已有的通用夹具装夹，且应注意减少装夹次数，尽量做到在一次装夹中能把零件上所有要加工的表面都加工出来。零件的定位基准应尽量与设计基准重合，以减小定位误差对尺寸精度的影响。

【任务实施】

教学组织实施建议：采取分组实训的形式，通过任务驱动法、小组讨论法、讲授法、演示法等组织教学。

一、零件加工分析

工件由件 1、件 2、件 3 三个零件组合而成。件 1 由外圆柱面、外圆弧面、外螺纹组成；件 2 由内、外圆弧面，外圆锥面，内螺纹组成；件 3 由外圆柱面、内孔、内圆锥面组成。其中件 1 的 $\phi28_{-0.033}^{\ 0}$mm 外圆柱面、M24×1.5 外螺纹，件 2 的 M24×1.5 内螺纹、外圆锥面，件 3 的 $\phi28_{\ 0}^{+0.052}$mm 内孔、内圆锥面为重要表面，是工件配合的关键尺寸。

二、确定装夹方案

毛坯为 45 钢棒料，选用三爪自定心卡盘装夹。其中件 2 的外轮廓无法直接用三爪自定心卡盘装夹，可借助 M24×1.5 内螺纹装夹。件 2 的装夹方案为：先用三爪自定心卡盘装夹工件 2 的毛坯，加工完工件 2 的所有内部尺寸后卸下，在件 1 加工完右端尺寸后不卸工件，使用 M24×1.5 螺纹联接装夹工件 2，再加工件 2 的外部轮廓尺寸。

三、确定加工方案

1. 加工件 3 右端

1）装夹工件，外露 35mm，车端面，见平即可，如图 6-9 所示。

2）粗、精加工右端 $\phi50_{-0.039}^{0}$ mm 外圆柱面，倒角 $C3$，内圆锥面及 $\phi28_{0}^{+0.052}$ mm 内孔。

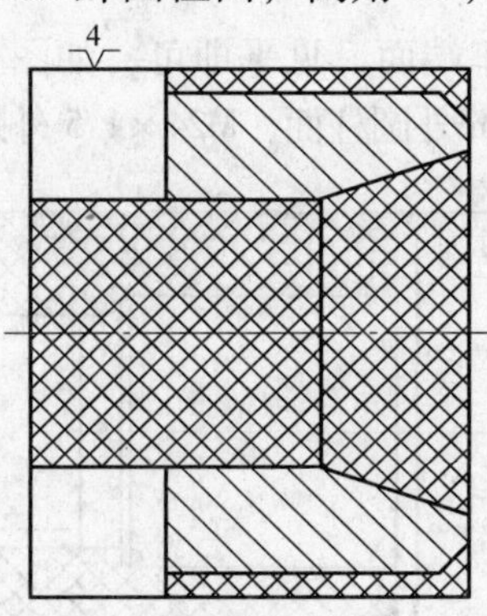

图 6-9　工序简图——件 3 右端

2. 加工件 3 左端

1）装夹 $\phi50_{-0.039}^{0}$ mm 外圆柱面，外露 25mm，车端面，保证总长度 45mm，如图 6-10 所示。

2）粗、精加工左端 $\phi44_{-0.039}^{0}$ mm 外圆柱面，倒角 $C1$。

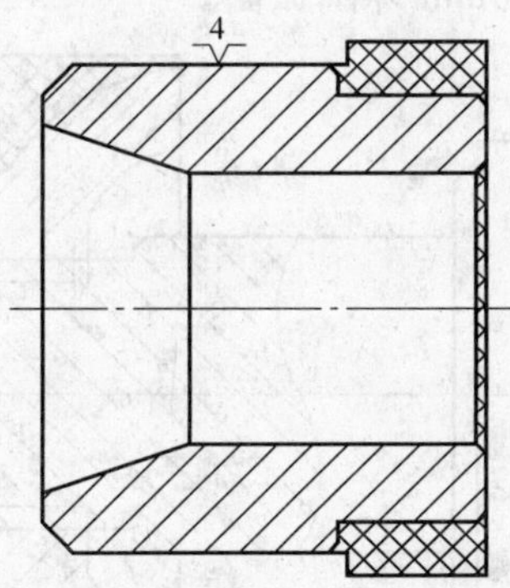

图 6-10　工序简图——件 3 左端

3. 加工件 2 右端

1）装夹工件，外露 10mm，车端面，见平即可，如图 6-11 所示。

2）粗、精加工 $R12$mm 内圆弧面，M24 × 1.5 内螺纹。

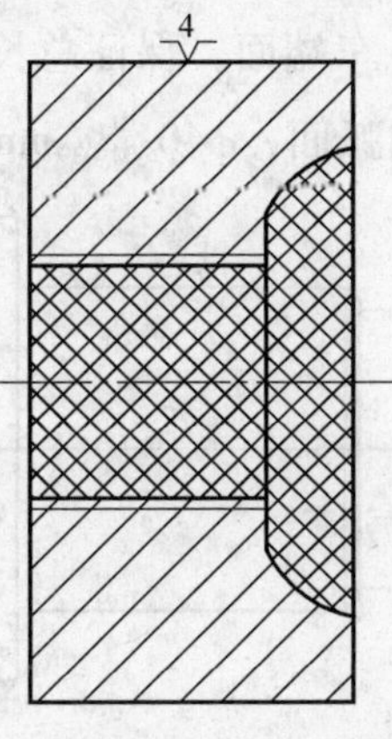

图 6-11　工序简图——件 2 右端

4. 加工件 1 右端

1）装夹工件，外露 60mm，车端面，见平即可，如图 6-12 所示。

2）粗、精加工右端 $\phi28_{-0.033}^{\ 0}$ mm 外圆柱面，M24×1.5 外螺纹，倒角三处，注意工件不卸下。

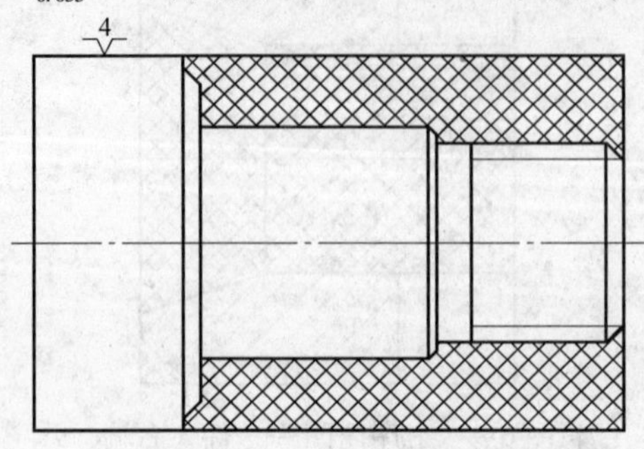

图 6-12　工序简图——件 1 右端

5. 加工件 2 左端

1）装夹工件，与件 1 螺纹联接，车端面，保证总长度 30mm，如图 6-13 所示。

2）粗、精加工外圆锥面，R20mm 外圆弧面。

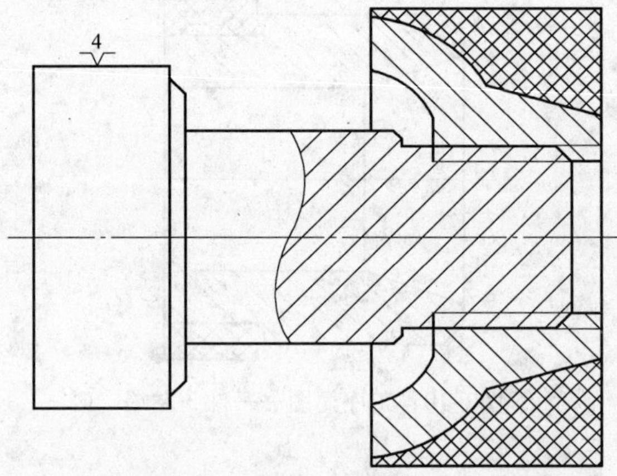

图 6-13　工序简图——件 2 左端

6. 加工件 1 左端

1）装夹 $\phi28_{-0.033}^{\ 0}$ mm 外圆柱面，车端面，保证总长度 70mm，如图 6-14 所示。

2）粗、精加工左端 R15mm 外圆弧面，$\phi40_{-0.039}^{\ 0}$ mm 外圆柱面。

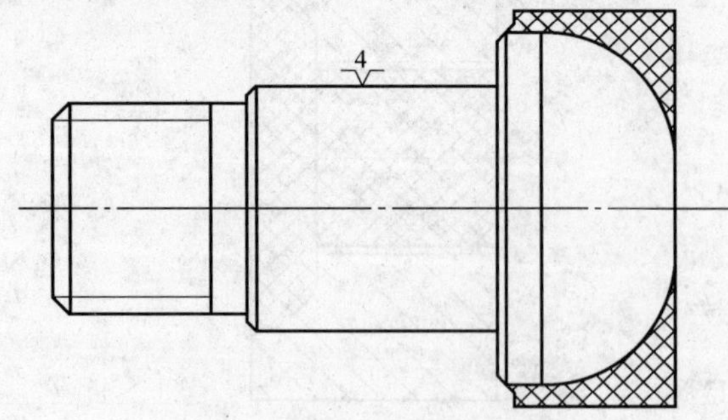

图 6-14　工序简图——件 1 左端

四、选择刀具和切削用量

1. 确定刀具

（1）麻花钻　ϕ20mm，见图4-3。

（2）93°外圆车刀　刀尖角55°，见图2-12。

（3）外螺纹车刀　刀尖角为60°，见图3-12。

（4）内孔车刀　ϕ20mm，见图4-4。

（5）内螺纹车刀　刀尖角为60°，见图4-9。

2. 确定切削用量

（1）外圆

粗加工：$n=800\text{r/min}$，$f=0.2\text{mm/r}$，$a_p=2\text{mm}$；

精加工：$n=1200\text{r/min}$，$f=0.08\text{mm/r}$，$a_p=0.5\text{mm}$。

（2）外螺纹 $n=600\text{r/min}$，$f=1.5\text{mm/r}$，$a_p=0.5\sim0.05\text{mm}$。

（3）内孔

粗加工：$n=800\text{r/min}$，$f=0.2\text{mm/r}$，$a_p=1\text{mm}$；

精加工：$n=1000\text{r/min}$，$f=0.1\text{mm/r}$，$a_p=0.5\text{mm}$。

（4）内螺纹　$n=600\text{r/min}$，$f=1.5\text{mm/r}$，$a_p=0.5\sim0.05\text{mm}$。

五、填写工艺文件（表6-9、表6-10、表6-11、表6-12）

表6-9　数控加工工序卡片

刀具序号	刀具号	刀具名称	刀具参数	被加工表面
1		麻花钻	ϕ20mm	ϕ20mm孔
2	T1	93°外圆车刀	刀尖角55°	零件外圆柱表面
3	T4	外螺纹车刀	刀尖角60°	M24×1.5外螺纹
4	T2	内孔车刀	ϕ20mm	零件内孔表面
5	T3	内螺纹车刀	ϕ20mm	M24×1.5内螺纹

表6-10　数控加工工序卡片1

<table>
<tr><td colspan="3" rowspan="2">数控加工工序卡片</td><td colspan="2">工序号</td><td colspan="5">工序内容</td></tr>
<tr><td colspan="2"></td><td colspan="5"></td></tr>
<tr><td colspan="3" rowspan="2">（单位）</td><td colspan="2">零件名称</td><td>材料</td><td colspan="2">夹具名称</td><td colspan="2">使用设备</td></tr>
<tr><td colspan="2">件1</td><td>45钢</td><td colspan="2">三爪自定心卡盘</td><td colspan="2">数控车床</td></tr>
<tr><td>工步号</td><td>程序号</td><td>工步内容</td><td>刀具号</td><td>刀具规格</td><td>主轴转速 n/(r/min)</td><td>进给量 f/(mm/r)</td><td>背吃刀量 a_p/mm</td><td colspan="2">备注</td></tr>
<tr><td>1</td><td rowspan="4">O0001</td><td>车端面</td><td>T1</td><td>93°外圆车刀</td><td>800</td><td>0.1</td><td>0.2</td><td colspan="2"></td></tr>
<tr><td>2</td><td>粗车外圆</td><td>T1</td><td>93°外圆车刀</td><td>800</td><td>0.2</td><td>2</td><td colspan="2"></td></tr>
<tr><td>3</td><td>精车外圆</td><td>T1</td><td>93°外圆车刀</td><td>1200</td><td>0.08</td><td>0.5</td><td colspan="2"></td></tr>
<tr><td>4</td><td>车外螺纹</td><td>T4</td><td>外螺纹车刀</td><td>600</td><td>1.5</td><td></td><td colspan="2"></td></tr>
</table>

（续）

工步号	程序号	工步内容	刀具号	刀具规格	主轴转速 n/(r/min)	进给量 f/(mm/r)	背吃刀量 a_p/mm	备注
调头								
5	O0002	车端面	T1	93°外圆车刀	800	0.1	0.2	
6		粗车外圆	T1	93°外圆车刀	800	0.2	2	
7		精车外圆	T1	93°外圆车刀	1200	0.08	0.5	
编制			审核			第　页		共　页

表6-11　数控加工工序卡片2

数控加工工序卡片			工序号		工序内容			
（单位）			零件名称		材料	夹具名称		使用设备
			件2		45钢	三爪自定心卡盘		数控车床
工步号	程序号	工步内容	刀具号	刀具规格	主轴转速 n/(r/min)	进给量 f/(mm/r)	背吃刀量 a_p/mm	备注
1	O0001	钻孔		ϕ20mm	450			
2		车端面	T1	93°外圆车刀	800	0.1	0.2	
3		粗车内孔	T2	ϕ20mm内孔车刀	800	0.2	2	
4		精车内孔	T2	ϕ20mm内孔车刀	1000	0.1	0.05	
5		车内螺纹	T3	内螺纹车刀	600	1.5		
调头								
6	O0002	车端面	T1	93°外圆车刀	800	0.1	0.2	
7		粗车外圆	T1	93°外圆车刀	800	0.2	2	
8		精车外圆	T1	93°外圆车刀	1200	0.08	0.5	
编制			审核			第　页		共　页

表6-12　数控加工工序卡片3

数控加工工序卡片			工序号		工序内容			
（单位）			零件名称		材料	夹具名称		使用设备
			件3		45钢	三爪自定心卡盘		数控车床
工步号	程序号	工步内容	刀具号	刀具规格	主轴转速 n/(r/min)	进给量 f/(mm/r)	背吃刀量 a_p/mm	备注
1	O0001	钻孔		ϕ20mm	450			
2		车端面	T1	93°外圆车刀	800	0.1	0.2	
3		粗车外圆	T1	93°外圆车刀	800	0.2	2	
4		精车外圆	T1	93°外圆车刀	1200	0.08	0.5	
5		粗车内孔	T2	ϕ20mm内孔车刀	800	0.2	2	
6		精车内孔	T2	ϕ20mm内孔车刀	1000	0.1	0.05	

（续）

工步号	程序号	工步内容	刀具号	刀具规格	主轴转速 n/(r/min)	进给量 f/(mm/r)	背吃刀量 a_p/mm	备注
调头								
7	O0002	车端面	T1	93°外圆车刀	800	0.1	0.2	
8		粗车外圆	T1	93°外圆车刀	800	0.2	2	
9		精车外圆	T1	93°外圆车刀	1200	0.08	0.5	
编制		审核				第 页		共 页

六、编制数控车削加工程序（参考）

1. FANUC 0i Mate-TC 程序（件3）

O0001 件3（右）	
N010 M03 S800	N130 M03 S800
N020 T0101	N140 G00 X24 Z1
N030 G00 X56 Z1	N150 G71 U1 R0.5
N040 G71 U2 R1	N160 G71 P170 Q200 U-0.5 F0.2
N050 G71 P60 Q90 U1 F0.2	N170 G00 X38
N060 G00 X44	N180 G01 Z0
N070 G00 Z0	N190 G01 X28 Z-15
N080 G01 X50 Z-3	N200 G01 Z-46
N090 G01 Z-31	N210 G70 P170 Q200 S1000 F0.1
N100 G70 P60 Q90 S1200 F0.08	N220 G00 X100 Z100
N110 G00 X100 Z100	N230 M05
N120 T0202	N240 M30

O0002 件3（左）	
N010 M03 S800	N090 G01 Z-15
N020 T0101	N100 G01 X48
N030 G00 X56 Z1	N110 G01 X52 Z-17
N040 G71 U2 R1	N120 G70 P60 Q110 S1200 F0.08
N050 G71 P60 Q110 U1 F0.2	N130 G00 X100 Z100
N060 G00 X42	N140 M05
N070 G01 Z1	N150 M30
N080 G01 X44 Z-1	

2. FANUC 0i Mate-TC 程序（件2）

O0001 件2（右）	
N010 M03 S800	N060 G00 X44
N020 T0202	N070 G01 Z0
N030 G00 X20 Z1	N080 G03 X32 Z-8 R12
N040 G71 U1 R0.5	N090 G01 X22.5
N050 G71 P60 Q100 U-0.5 F0.2	N100 G01 Z-34

（续）

N110 G70 P60 Q100 S1000 F0.1	N190 X23.8
N120 G00 X100 Z100	N200 X23.9
N130 M03 S600	N210 X23.95
N140 T0303	N220 X24
N150 G00 X20 Z5	N230 G00 X100 Z100
N160 G92 X23.3 Z－32 F1.5	N240 M05
N170 X23.5	N250 M30
N180 X23.7	
O0002 件2（左）	
N010 M03 S800	N080 G01 X40 Z－15
N020 T0101	N090 G03 X58 Z－30 R20
N030 G00 X61 Z1	N100 G01 Z－31
N040 G71 U2 R1	N110 G70 P60 Q100 S1200 F0.08
N050 G71 P60 Q100 U1 F0.2	N120 G00 X100 Z100
N060 G00 X30	N130 M05
N070 G01 Z0	N140 M30

3. FANUC 0i Mate-TC 程序（件1）

O0001 件1（左）	
N010 M03 S800	N080 G03 X40 Z－15 R15
N020 T0101	N090 G01 Z－20
N030 G00 X46 Z1	N100 G70 P60 Q90 S1200 F0.08
N040 G71 U2 R1	N110 G00 X100 Z100
N050 G71 P60 Q90 U1 F0.2	N120 M05
N060 G00 X15	N130 M30
N070 G01 Z0	
O0002 件1（右）	
N010 M03 S800	N130 G01 X38
N020 T0101	N140 G01 X42 Z－52
N030 G00 X46 Z1	N150 G70 P60 Q140 S1200 F0.08
N040 G71 U2 R1	N160 G00 X100 Z100
N050 G71 P60 Q140 U1 F0.2	N170 T0404
N060 G00 X20	N180 M03 S600
N070 G01 Z0	N190G00 X30 Z5
N080 G01 X23.8 Z－2	N200 G92 X23 Z－18 F1.5
N090 G01 Z－22	N210 X22.5
N100 G01 X26	N220 X22.3
N110 G01 X28 Z－23	N230 X22.2
N120 G01 Z－50	N240 X22.1

（续）

N250 X22.05	N280 M05
N260 X22.05	N290 M30
N270 G00 X100 Z100	

4. HNC-21T 程序（件3）

%0001 件3（右）	
N010 G90 G95	N120 M03 S800
N020 M03 S800	N130 G00 X24 Z1
N030 T0101	N140 G71 U1 R0.5 P150 Q180 X-0.5 F0.2
N040 G00 X56 Z1	N150 G00 X38 S1000 F0.1
N050 G71 U2 R1 P60 Q90 X1 F0.2	N160 G01 Z0
N060 G00 X44 S1200 F0.08	N170 G01 X28 Z-15
N070 G00 Z0	N180 G01 Z-46
N080 G01 X50 Z-3	N190 G00 X100 Z100
N090 G01 Z-31	N200 M05
N100 G00 X100 Z100	N210 M30
N110 T0202	
%0002 件3（左）	
N010 G90 G95	N080 G01 X44 Z-1
N020 M03 S800	N090 G01 Z-15
N030 T0101	N100 G01 X48
N040 G00 X56 Z1	N110 G01 X52 Z-17
N050 G71 U2 R1 P60 Q110 X1 F0.2	N120 G00 X100 Z100
N060 G00 X42 S1200 F0.08	N130 M05
N070 G01 Z1	N140 M30

5. HNC-21T 程序（件2）

%0001 件2（右）	
N010 G90 G95	N090 G01 X22.5
N020 M03 S800	N100 G01 Z-34
N030 T0202	N110 G00 X100 Z100
N040 G00 X20 Z1	N120 M03 S600
N050 G71 U1 R0.5 P60 Q100 X-0.5 F0.2	N130 T0303
N060 G00 X44 S1000 F0.1	N140 G00 X20 Z5
N070 G01 Z0	N150 G82 X23.3 Z-32 F1.5
N080 G03 X32 Z-8 R12	N160 X23.5

（续）

N170　　X23. 7	N210　　X24
N180　　X23. 8	N220 G00 X100 Z100
N190　　X23. 9	N230 M05
N200　　X23. 95	N240 M30
%0002 件 2（左）	
N010 G90 G95	N080 G01 X40 Z－15
N020 M03 S800	N090 G03 X58 Z－30 R20
N030 T0101	N100 G01 Z－31
N040 G00 X61 Z1	N110 G00 X100 Z100
N050 G71 U2 R1 P60 Q100 X1 F0. 2	N120 M05
N060 G00 X30	N130 M30
N070 G01 Z0	

6. HNC-21T 程序（件 1）

%0001 件 1（左）	
N010 G90 G95	N070 G01 Z0
N020 M03 S800	N080 G03 X40 Z－15 R15
N030 T0101	N090 G01 Z－20
N040 G00 X46 Z1	N100 G00 X100 Z100
N050 G71 U2 R1 P60 Q90 X1 F0. 2	N110 M05
N060 G00 X15 S1200 F0. 08	N120 M30
%0002 件 1（右）	
N010 M03 S800	N150 T0404
N020 T0101	N160 M03 S600
N030 G00 X46 Z1	N170 G00 X30 Z5
N040 G71 U2 R1 P50 Q130 X1 F0. 2	N180 G82 X23 Z－18 F1. 5
N050 G00 X20 S1200 F0. 08	N190　　X22. 5
N060 G01 Z0	N200　　X22. 3
N070 G01 X23. 8 Z－2	N210　　X22. 2
N080 G01 Z－22	N220　　X22. 1
N90 G01 X26	N230　　X22. 05
N100 G01 X28 Z－23	N240　　X22. 05
N110 G01 Z－50	N250 G00 X100 Z100
N120 G01 X38	N260 M05
N130 G01 X42 Z－52	N270 M30
N140 G00 X100 Z100	

7. SINUMERIK 802S/C 程序（件3）

XM631. MPF 件3（右）	
N010 G90 G95	N100 M03 S800
N020 M03 S800	N110 G00 X24 Z1
N030 T1D1	N120 __ CNAME = "AA19"
N040 G00 X56 Z1	N130 R105 = 11 R106 = 0. 25 R108 = 1 R109 = 0 R110 = 0. 5 R111 = 0. 2 R112 = 0. 1
N050 __ CNAME = "AA18"	N140 LCYC95
N060 R105 = 9 R106 = 0. 5 R108 = 2 R109 = 0 R110 = 1 R111 = 0. 2 R112 = 0. 08	N150 G00 X100 Z100
N070 LCYC95	N160 M05
N80 G00 X100 Z100	N170 M2
N90 T2D1	
AA18. SPF（"XM631. MPF" 的外轮廓子程序）	
N060 G00 X44 S1200 F0. 08	N090 G01 Z - 31
N070 G00 Z0	N100 M17
N080 G01 X50 Z - 3	
AA19. SPF（"XM631. MPF" 的内轮廓子程序）	
N130 G00 X38 S1000 F0. 1	N160 G01 Z - 46
N140 G01 Z0	N170 M17
N150 G01 X28 Z - 15	
XM632. MPF 件3（左）	
N010 G90 G95	N060 R105 = 9 R106 = 0. 5 R108 = 2 R109 = 0 R110 = 1 R111 = 0. 2 R112 = 0. 08
N020 M03 S800	N070 LCYC95
N030 T1D1	N00 G00 X100 Z100
N040 G00 X56 Z1	N090 M5
N050 __ CNAME = "AA20"	N100 M2
AA20. SPF（"XM632. MPF" 的轮廓子程序）	
N060 G00 X42 S1200 F0. 08	N100 G01 X48
N070 G01 Z1	N110 G01 X52 Z - 17
N080 G01 X44 Z - 1	N120 M17
N090 G01 Z - 15	

8. SINUMERIK 802S/C 程序（件2）

XM633. MPF 件2（右）	
N010 G90 G95	N040 G00 X20 Z1
N020 M03 S800	N050 __ CNAME = "AA21"
N030 T2D1	N060 R105 = 11 R106 = 0. 25 R108 = 1 R109 = 0 R110 = 0. 5 R111 = 0. 2 R112 = 0. 1

（续）

N070 LCYC95	N250 G33 Z－32 K1.5
N080 G00 X100 Z100	N260 G00 X20
N090 M03 S600	N270 Z5
N100 T3D1	N280 X23.9
N110 G00 X20 Z5	N290 G33 Z－32 K1.5
N120 X23.3	N300 G00 X20
N130 G33 Z－32 K1.5	N310 Z5
N140 G00 X20	N320 X23.95
N150 Z5	N330 G33 Z－32 K1.5
N160 X23.5	N340 G00 X20
N170 G33 Z－32 K1.5	N350 Z5
N180 G00 X20	N360 X24
N190 Z5	N370 G33 Z－32 K1.5
N200 X23.7	N380 G00 X20
N210 G33 Z－32 K1.5	N390 Z100
N220 G00 X20	N400 G00 X100
N230 Z5	N410 M05
N240 X23.8	N420 M2
AA21.SPF（“XM633.MPF”的轮廓子程序）	
N060 G00 X44 S1000 F0.1	N090 G01 X22.5
N070 G01 Z0	N100 G01 Z－34
N080 G03 X32 Z－8 CR＝12	N110 M17
XM634.MPF 件2（左）	
N010 G90 G95	N060 R105＝9 R106＝0.5 R108＝2 R109＝0 R110＝1 R111＝0.2 R112＝0.08
N020 M03 S800	N070 LCYC95
N030 T1D1	N080 G00 X100 Z100
N040 G00 X61 Z1	N090 M05
N050 _CNAME＝"AA22"	N100 M2
AA22.SPF（“XM634.MPF”的轮廓子程序）	
N060 G00 X30	N090 G03 X58 Z－30 CR＝20
N070 G01 Z0	N100 G01 Z－31
N080 G01 X40 Z－15	N110 M17

9. SINUMERIK 802S/C 程序（件1）

XM635. MPF 件1（左）	
N010 G90 G95	N060 R105 = 9 R106 = 0. 5 R108 = 2 R109 = 0 R110 = 1 R111 = 0. 2 R112 = 0. 08
N020 M03 S800	N070 LCYC95
N030 T1D1	N080 G00 X100 Z100
N040 G00 X46 Z1	N090 M05
N050 __ CNAME = "AA23"	N100 M2

AA23. SPF（"XM635. MPF" 的轮廓子程序）	
N060 G00 X15 S1200 F0. 08	N090 G01 Z - 20
N070 G01 Z0	N100 M17
N080 G03 X40 Z - 15 CR = 15	

XM636. MPF 件1（右）	
N010 M03 S800	N210 G00 X30
N020 T1D1	N220 Z5
N030 G00 X46 Z1	N230 X22. 2
N040 __ CNAME = "AA24"	N240 G33 Z - 18 F1. 5
N050 R105 = 9 R106 = 0. 5 R108 = 2 R109 = 0 R110 = 1 R111 = 0. 2 R112 = 0. 08	N250 G00 X30
N060 LCYC95	N260 Z5
N070 G00 X100 Z100	N270 X22. 1
N080 T4D4	N280 G33 Z - 18 F1. 5
N090 M03 S600	N290 G00 X30
N100 G00 X30 Z5	N300 Z5
N110 X23	N310 X22. 05
N120 G33 Z - 18 F1. 5	N320 G33 Z - 18 F1. 5
N130 G00 X30	N330 G00 X30
N140 Z5	N340 Z5
N150 X22. 5	N350 X22. 05
N160 G33 Z - 18 F1. 5	N360 G33 Z - 18 F1. 5
N170 G00 X30	N370 G00 X100
N180 Z5	N380 Z100
N190 X22. 3	N390 M05
N200 G33 Z - 18 F1. 5	N400 M2

AA24. SPF	
N060 G00 X20 S1200 F0. 08	N110 G01 X28 Z - 23
N070 G01 Z0	N120 G01 Z - 50
N080 G01 X23. 8 Z - 2	N130 G01 X38
N090 G01 Z - 22	N140 G01 X42 Z - 52
N100 G01 X26	N150 M17

【完成学习工作页】（表6-13、表6-14）

表6-13　工具和量具清单

组　别			项目名称			
零件图号			零件名称			
种　类	序　号	名　称	规　格	精　度	单　位	数　量
工　具						
量　具						
编　制			审　核		日　期	

表6-14　零件评分表

	项目	序号	考核内容	要　求	配分 IT	配分 Ra	评分标准	得　分
件1	外圆	1	$\phi40_{-0.039}^{\ 0}$ mm	$R_a3.2\mu m$	6	2	超差不得分	
		2	$\phi28_{-0.033}^{\ 0}$ mm	$R_a3.2\mu m$	6	2	超差不得分	
		3	M24×1.5	$R_a3.2\mu m$	10	2	超差不得分	
		4	$R15$mm	$R_a3.2\mu m$	3	2	超差不得分	
	长度	5	70mm		3		超差不得分	
		6	18mm		2		超差不得分	
件2	外圆	7	$\phi58$mm	$R_a3.2\mu m$	3		超差不得分	
		8	$R20$mm	$R_a3.2\mu m$	3		超差不得分	
	内孔	9	$R12$mm	$R_a3.2\mu m$	3		超差不得分	
		10	M24×1.5	$R_a3.2\mu m$	10	2	超差不得分	
	长度	11	30mm		3			
件3	外圆	12	$\phi50_{-0.039}^{\ 0}$ mm	$R_a3.2\mu m$	6	2		
		13	$\phi44_{-0.039}^{\ 0}$ mm	$R_a3.2\mu m$	6	2		
	内孔	14	$\phi28_{\ 0}^{+0.052}$ mm	$R_a3.2\mu m$	6	2		
	长度	15	15mm		2			
		16	45mm		2			
装　配		17			10			
合　计					100			

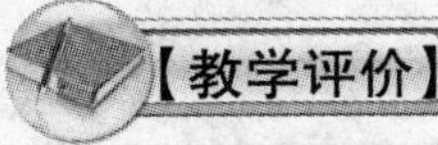【教学评价】（表6-15、表6-16、表6-17）

表6-15 学生自评表

班 级			姓 名	
项目名称			组 别	
考核项目	考核内容		满 分	得 分
社会能力	尊敬师长、尊重同学		5	
	相互协作		5	
	主动帮助他人		5	
	办事能力		5	
方法能力	出勤	迟到	3	
		早退	3	
		旷课	4	
	能独立思考、解决问题		5	
	创新能力		5	
专业能力	安全规范意识		5	
	5S遵守情况		5	
	零件加工分析能力		10	
	工艺处理能力		10	
	仿真验证能力		10	
	实操能力		10	
	零件检验能力		10	
合 计			100	
自我评价				

表6-16 小组成员互评表

被评价学生		承担任务	
考核项目	考核内容	满 分	得 分
社会能力	尊敬师长	5	
	尊重同学	5	
	团队协作	10	
	主动帮助他人	10	
方法能力	创新能力	10	
	学习态度认真	10	
	能独立思考、解决问题	10	

（续）

考核项目	考核内容	满分	得分
专业能力	所承担的工作量	20	
	理论及实操能力	10	
	5S 遵守情况	10	
	合计	100	
评语			
评价人		学号	

表 6-17 教师评价表

班级		姓名		
项目名称		组别		
评分内容		分值	得分	备注
资讯	起始情况评价	5		
	收集信息评价	5		
计划	工作计划情况	5		
决策	解决问题情况	5		
实施	零件加工分析	5		
	确定装夹方案	5		
	刀具正确选用及安装	5		
	确定加工方案	5		
	切削参数选用	5		
	编制加工工艺文件	5		
	编写加工程序	5		
	仿真加工验证	5		
	实际加工	5		
检查	零件检测	10		
	上交文件齐全、正确	5		
评价	完成工作量	5		
	工作效率及文明施工	5		
	学生自我评价	5		
	同组学生的评价	5		
	总分	100		
评价教师		评语		

【学后感言】

____

____

____

【思考与练习】

1. 根据图 6-15 的要求，进行零件加工分析，确定装夹方式和加工方案，选择刀具和切削用量，填写工艺文件，编制加工程序，并完成零件加工。

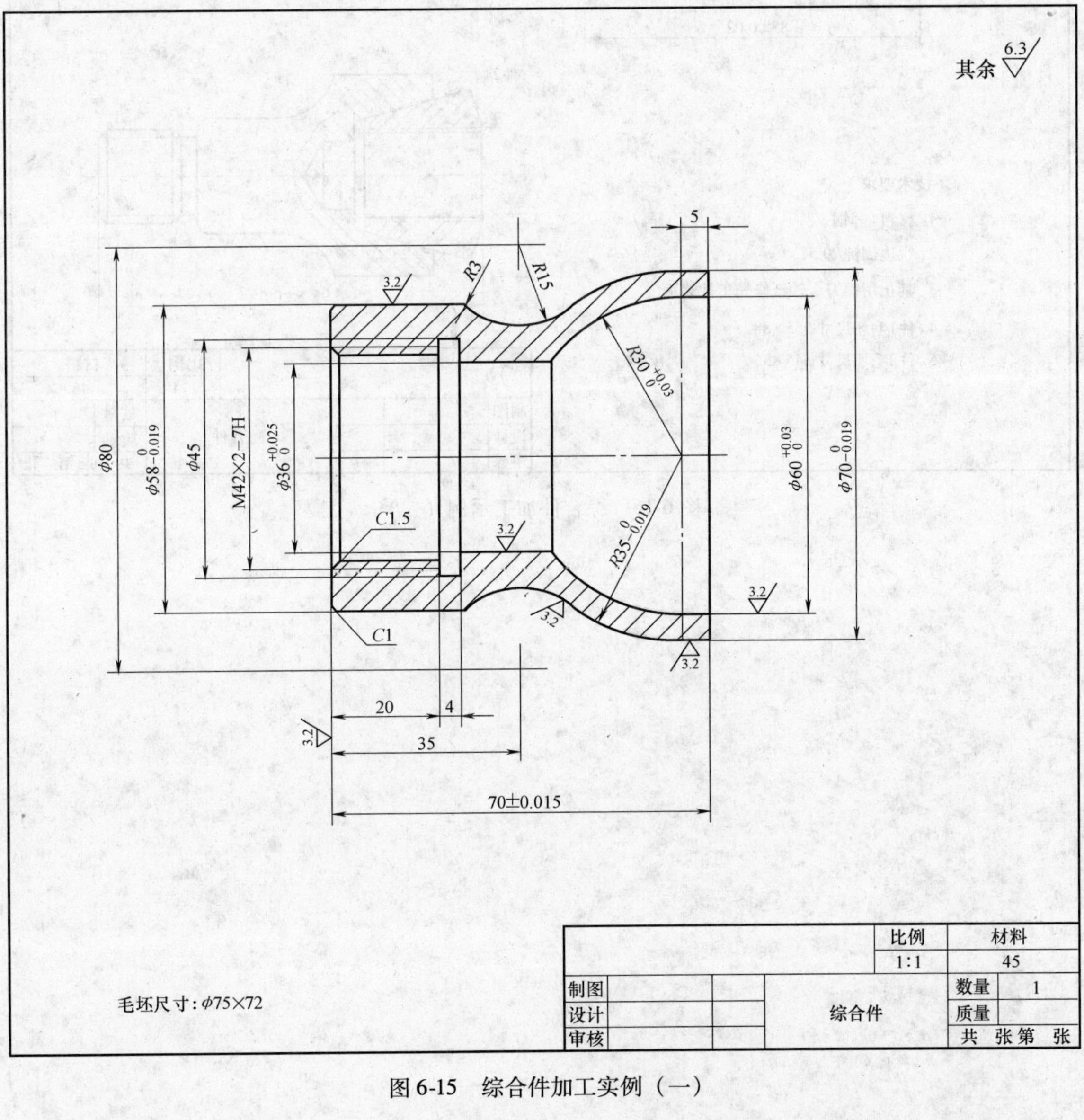

其余 6.3

毛坯尺寸：$\phi75\times72$

				比例	材料
				1:1	45
制图			综合件	数量	1
设计				质量	
审核				共　张第　张	

图 6-15　综合件加工实例（一）

2. 根据图 6-16 的要求，进行零件加工分析，确定装夹方式和加工方案，选择刀具和切削用量，填写工艺文件，编制加工程序，并完成零件加工。

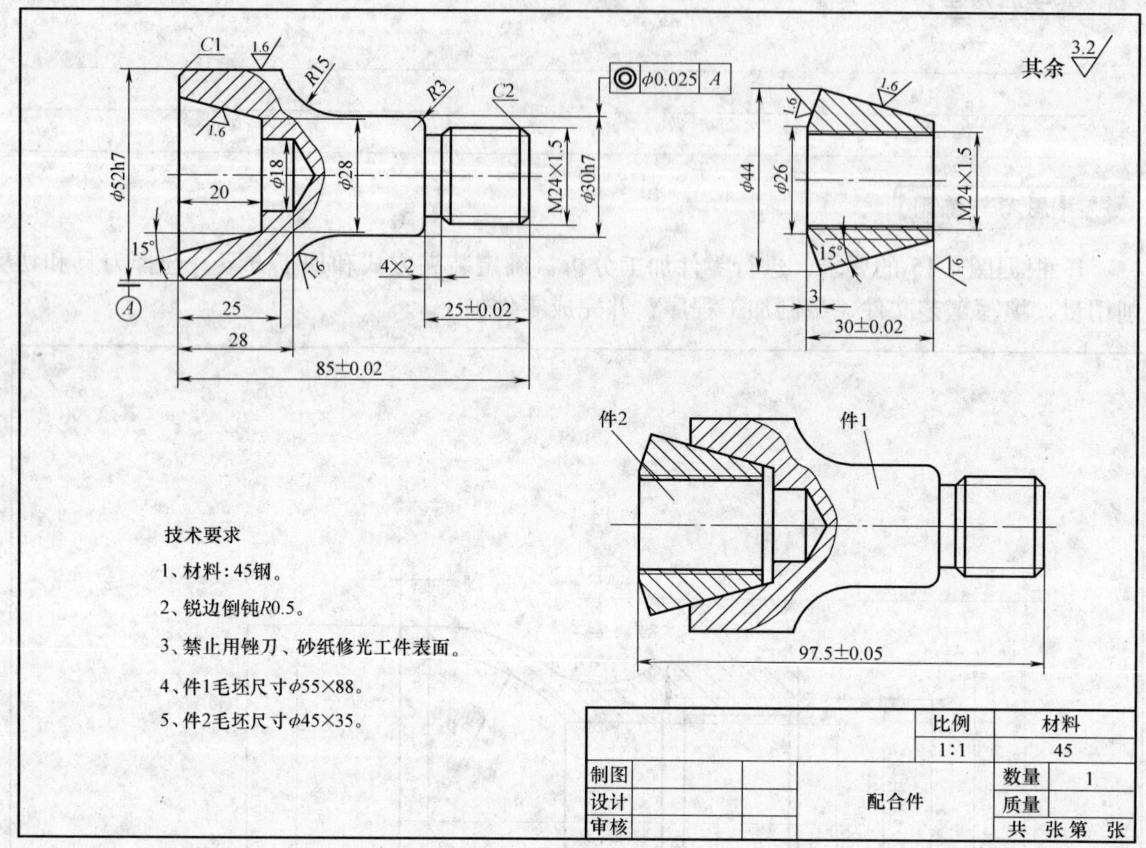

图 6-16 综合件加工示例（二）

项目 7

数控车床操作工（中级）考核训练

考核题 1

如图 7-1 所示，根据图样要求，进行零件加工分析，确定装夹方式和加工方案，选择刀具和切削用量，填写工艺文件，编制加工程序，并完成零件加工。

考核时间：4h。

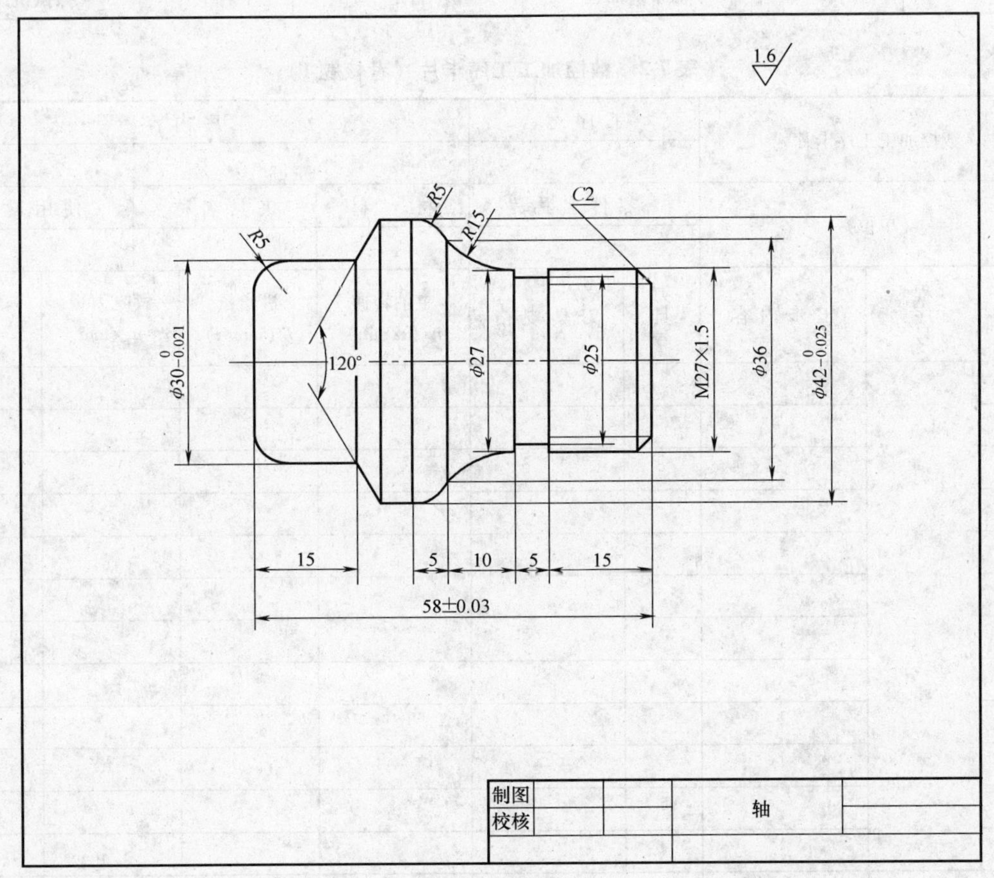

图 7-1　零件图 1

表7-1 准备单（考核题1）

序号	项目	内容	规格型号	数量	备注
1	机床	数控车床	SK40P	1台	
2	毛坯	45钢棒料	ϕ45mm×60mm	1根	
3	刀具	外圆车刀	93°	1把	
4		切槽刀	刀宽4mm	1把	
5		外螺纹车刀	刀尖角60°	1把	
6	量具	游标卡尺	150mm	1把	
7		外径千分尺	25～50mm	1把	
8		螺纹环规	M27×1.5	1套	
9		半径样板		1套	
10	工具	三爪扳手		1把	
11		刀架扳手		1把	
12		垫片	自定	若干	
13		铜皮	自定	若干	
14		毛刷	自定	若干	擦拭机床
15		棉布、棉丝	自定	若干	擦拭机床

表7-2 数控加工工序卡片（考核题1）

数控加工工序卡片			工序号		工序内容			
（单位）			零件名称		材料	夹具名称	使用设备	
工步号	程序号	工步内容	刀具号	刀具规格	主轴转速 n/(r/min)	进给量 f/(mm/r)	背吃刀量 a_p/mm	备注
编制		审核				第 页		共 页

表 7-3　数控加工刀具卡片（考核题 1）

序　号	刀位点	刀具名称	刀具参数	被加工表面

表 7-4　零件评分表（考核题 1）

班　级				考件编号			
姓　名				用　时			
序　号	项　目		配　分		得　分		备　注
			IT	R_a	IT	R_a	
1	外圆	$\phi42_{-0.025}^{\ 0}$ mm	10	5			超差不得分
2	外圆	$\phi30_{-0.021}^{\ 0}$ mm	10	5			超差不得分
3	外圆	M27 × 1.5	10	5			超差不得分
4	外圆	R15mm 圆弧	3	3			超差不得分
5	外圆	R5mm 圆弧（2 处）	3	3			超差不得分
6	外圆	120°锥面	3	3			超差不得分
7	外圆	倒角 $C2$	2				超差不得分
8	长度	（58 ± 0.03）mm	5				超差不得分
9	加工工艺		5				酌情扣分
10	程序编制		5				酌情扣分
11	机床操作		5				酌情扣分
12	装刀、对刀		5				酌情扣分
13	量具使用		5				酌情扣分
14	安全文明操作		5				酌情扣分
合　计			100				

考核题 2

如图 7-2 所示，根据图样要求，进行零件加工分析，确定装夹方式和加工方案，选择刀具和切削用量，填写工艺文件，编制加工程序，并完成零件加工。

考核时间：4h。

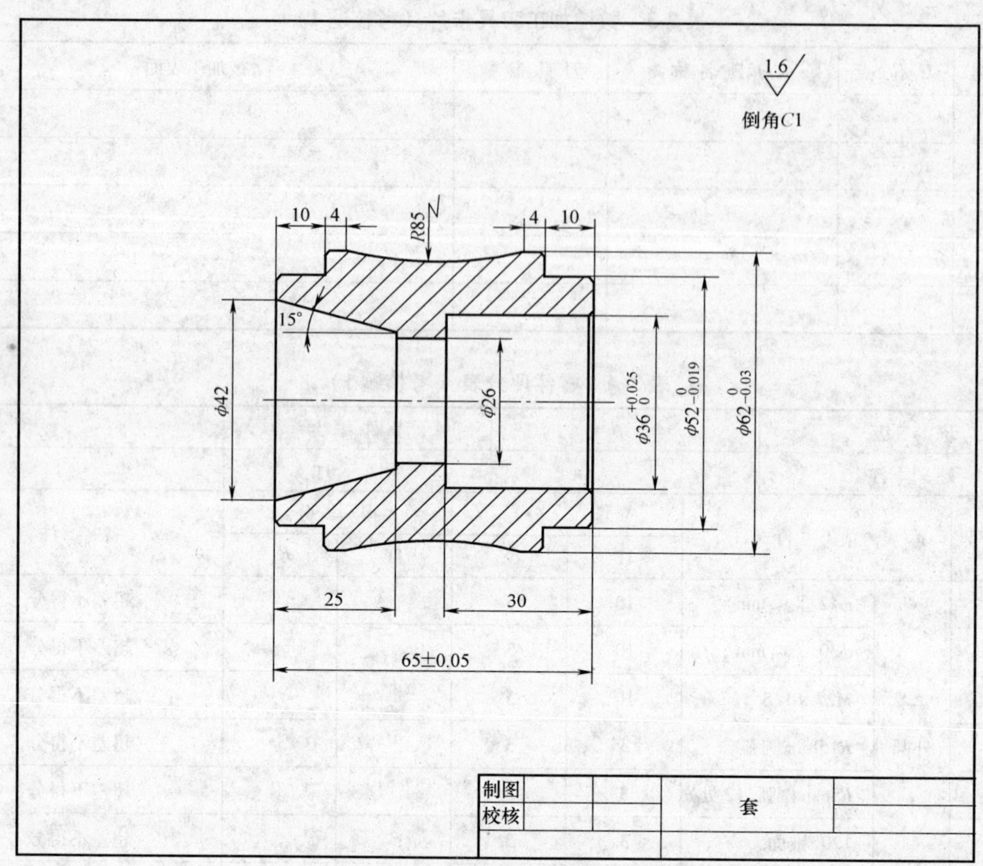

图 7-2 零件图 2

表 7-5 准备单（考核题 2）

序号	项目	内容	规格型号	数量	备注
1	机床	数控车床	SK40P	1 台	
2	毛坯	45 钢棒料	ϕ65mm×68mm	1 根	
3	刀具	外圆车刀	93°	1 把	
4		麻花钻	ϕ26mm	1 把	
5		内孔车刀	90°	1 把	
6	量具	游标卡尺	150mm	1 把	
7		外径千分尺	50～75mm	1 把	
8		内径百分表	18～50mm	1 套	
9	工具	三爪扳手		1 把	
10		刀架扳手		1 把	
11		垫片	自定	若干	
12		铜皮	自定	若干	
13		毛刷	自定	若干	擦拭机床
14		棉布、棉丝	自定	若干	擦拭机床

表7-6　数控加工工序卡片（考核题2）

<table>
<tr><td colspan="3" rowspan="2">数控加工工序卡片</td><td colspan="2">工序号</td><td colspan="4">工序内容</td></tr>
<tr><td colspan="2"></td><td colspan="4"></td></tr>
<tr><td colspan="3" rowspan="2">（单位）</td><td colspan="2">零件名称</td><td>材　料</td><td colspan="2">夹具名称</td><td>使用设备</td></tr>
<tr><td colspan="2"></td><td></td><td colspan="2"></td><td></td></tr>
<tr><td>工步号</td><td>程序号</td><td>工步内容</td><td>刀具号</td><td>刀具规格</td><td>主轴转速
n/(r/min)</td><td>进给量
f/(mm/r)</td><td>背吃刀量
a_p/mm</td><td>备　注</td></tr>
<tr><td></td><td rowspan="11"></td><td></td><td></td><td></td><td></td><td></td><td></td><td></td></tr>
<tr><td></td><td></td><td></td><td></td><td></td><td></td><td></td><td></td></tr>
<tr><td></td><td></td><td></td><td></td><td></td><td></td><td></td><td></td></tr>
<tr><td></td><td></td><td></td><td></td><td></td><td></td><td></td><td></td></tr>
<tr><td></td><td></td><td></td><td></td><td></td><td></td><td></td><td></td></tr>
<tr><td></td><td></td><td></td><td></td><td></td><td></td><td></td><td></td></tr>
<tr><td></td><td></td><td></td><td></td><td></td><td></td><td></td><td></td></tr>
<tr><td></td><td></td><td></td><td></td><td></td><td></td><td></td><td></td></tr>
<tr><td></td><td></td><td></td><td></td><td></td><td></td><td></td><td></td></tr>
<tr><td></td><td></td><td></td><td></td><td></td><td></td><td></td><td></td></tr>
<tr><td></td><td></td><td></td><td></td><td></td><td></td><td></td><td></td></tr>
<tr><td colspan="2">编　制</td><td></td><td colspan="2">审　核</td><td></td><td colspan="2">第　页</td><td>共　页</td></tr>
</table>

表7-7　数控加工刀具卡片（考核题2）

序　号	刀位点	刀具名称	刀具参数	被加工表面

表7-8　零件评分表（考核题2）

<table>
<tr><td colspan="3">班　级</td><td colspan="2"></td><td colspan="2">考件编号</td><td></td></tr>
<tr><td colspan="3">姓　名</td><td colspan="2"></td><td colspan="2">用　时</td><td></td></tr>
<tr><td rowspan="2">序　号</td><td colspan="2" rowspan="2">项　目</td><td colspan="2">配　分</td><td colspan="2">得　分</td><td rowspan="2">备　注</td></tr>
<tr><td>IT</td><td>R_a</td><td>IT</td><td>R_a</td></tr>
<tr><td>1</td><td rowspan="4">外圆</td><td>$\phi 62_{-0.03}^{0}$mm</td><td>10</td><td>5</td><td></td><td></td><td>超差不得分</td></tr>
<tr><td>2</td><td>$\phi 52_{-0.019}^{0}$mm</td><td>10</td><td>5</td><td></td><td></td><td>超差不得分</td></tr>
<tr><td>3</td><td>$R85$mm 圆弧</td><td>3</td><td>3</td><td></td><td></td><td>超差不得分</td></tr>
<tr><td>4</td><td>倒角4处</td><td>2</td><td></td><td></td><td></td><td>超差不得分</td></tr>
<tr><td>5</td><td rowspan="2">内孔</td><td>$\phi 36_{0}^{+0.025}$mm</td><td>10</td><td>5</td><td></td><td></td><td>超差不得分</td></tr>
<tr><td>6</td><td>15°内锥面</td><td>3</td><td>3</td><td></td><td></td><td>超差不得分</td></tr>
</table>

（续）

序号	项目		配分 IT	配分 R_a	得分 IT	得分 R_a	备注
7	长度	(65±0.05)mm	5				超差不得分
8		10mm（2处）	4				超差不得分
9		30mm	2				超差不得分
10	加工工艺		5				酌情扣分
11	程序编制		5				酌情扣分
12	机床操作		5				酌情扣分
13	装刀、对刀		5				酌情扣分
14	量具使用		5				酌情扣分
15	安全文明操作		5				酌情扣分
	合计		100				

考核题 3

如图 7-3 所示，根据图样要求，进行零件加工分析，确定装夹方式和加工方案，选择刀具和切削用量，填写工艺文件，编制加工程序，并完成零件加工。

考核时间：4h。

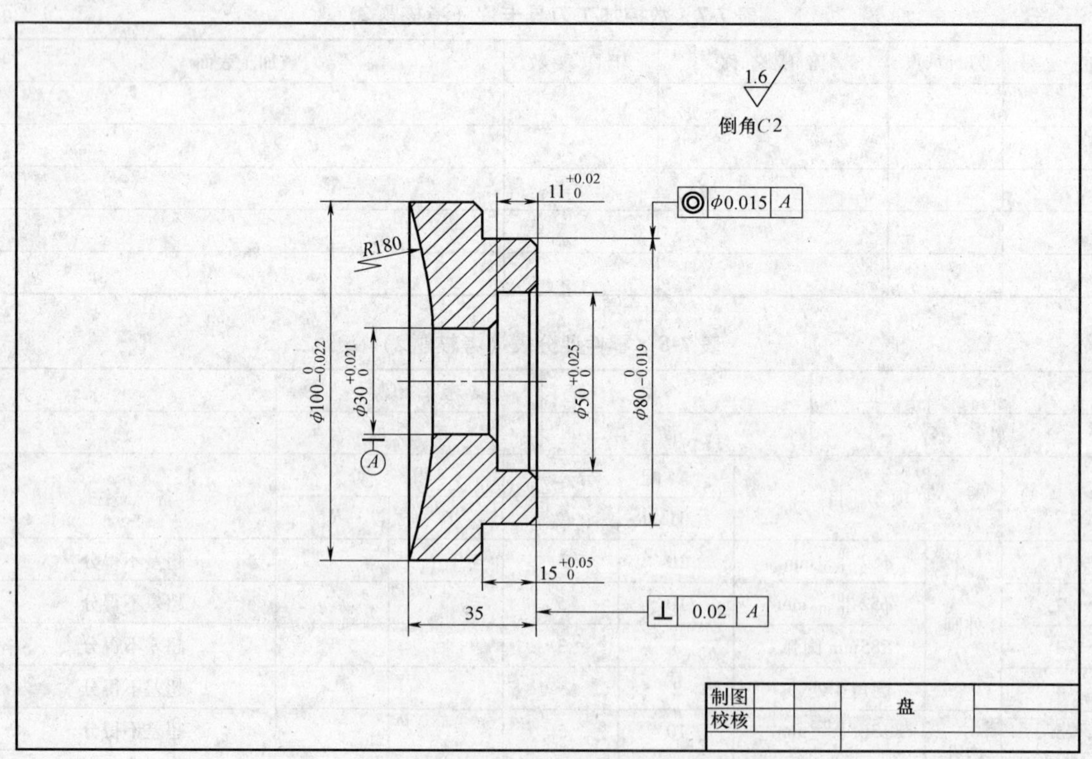

图 7-3 零件图 3

表7-9　准备单（考核题3）

序　号	项　目	内　容	规格型号	数　量	备　注
1	机床	数控车床	SK40P	1台	
2	毛坯	45钢棒料	ϕ105mm×40mm	1根	
3	刀具	外圆车刀	93°	1把	
4		麻花钻	ϕ27mm	1把	
5		内孔车刀	90°	1把	
6	量具	游标卡尺	150mm	1把	
7		外径千分尺	75～100mm	1把	
8		内径百分表	18～50mm	1套	
9		磁力表座	自定	1套	
10	工具	三爪扳手		1把	
11		刀架扳手		1把	
12		铜锤	自定	1个	
13		垫片	自定	若干	
14		铜皮	自定	若干	
15		毛刷	自定	若干	擦拭机床
16		棉布、棉丝	自定	若干	擦拭机床

表7-10　数控加工工序卡片（考核题3）

数控加工工序卡片 （单位）				工序号		工序内容			
				零件名称		材　料	夹具名称	使用设备	
工步号	程序号	工步内容	刀具号	刀具规格	主轴转速 n/(r/min)	进给量 f/(mm/r)	背吃刀量 a_p/mm	备　注	
编　制				审　核			第　页	共　页	

表 7-11 数控加工刀具卡片（考核题3）

序号	刀位点	刀具名称	刀具参数	被加工表面

表 7-12 零件评分表（考核题3）

班级				考件编号		
姓名				用时		
序号	项目		配分 IT	配分 R_a	得分 IT	得分 R_a	备注
1	外圆	$\phi100_{-0.022}^{0}$ mm	8	4			超差不得分
2	外圆	$\phi80_{-0.019}^{0}$ mm	8	4			超差不得分
3	外圆	倒角2处	2				超差不得分
4	内孔	$\phi50_{0}^{+0.025}$ mm	8	4			超差不得分
5	内孔	$\phi30_{0}^{+0.021}$ mm	8	4			超差不得分
6	内孔	R180mm 圆弧面	3	3			超差不得分
7	长度	$15_{0}^{+0.05}$ mm	3				超差不得分
8	长度	$11_{0}^{+0.02}$ mm	3				超差不得分
9	长度	35mm	2				超差不得分
10	其他	同轴度	3				超差不得分
11	其他	垂直度	3				超差不得分
12	加工工艺		5				酌情扣分
13	程序编制		5				酌情扣分
14	机床操作		5				酌情扣分
15	装刀、对刀		5				酌情扣分
16	量具使用		5				酌情扣分
17	安全文明操作		5				酌情扣分
	合计		100				

考核题 4

如图 7-4 所示，根据图样要求，进行零件加工分析，确定装夹方式和加工方案，选择刀具和切削用量，填写工艺文件，编制加工程序，并完成零件加工。

考核时间：6h。

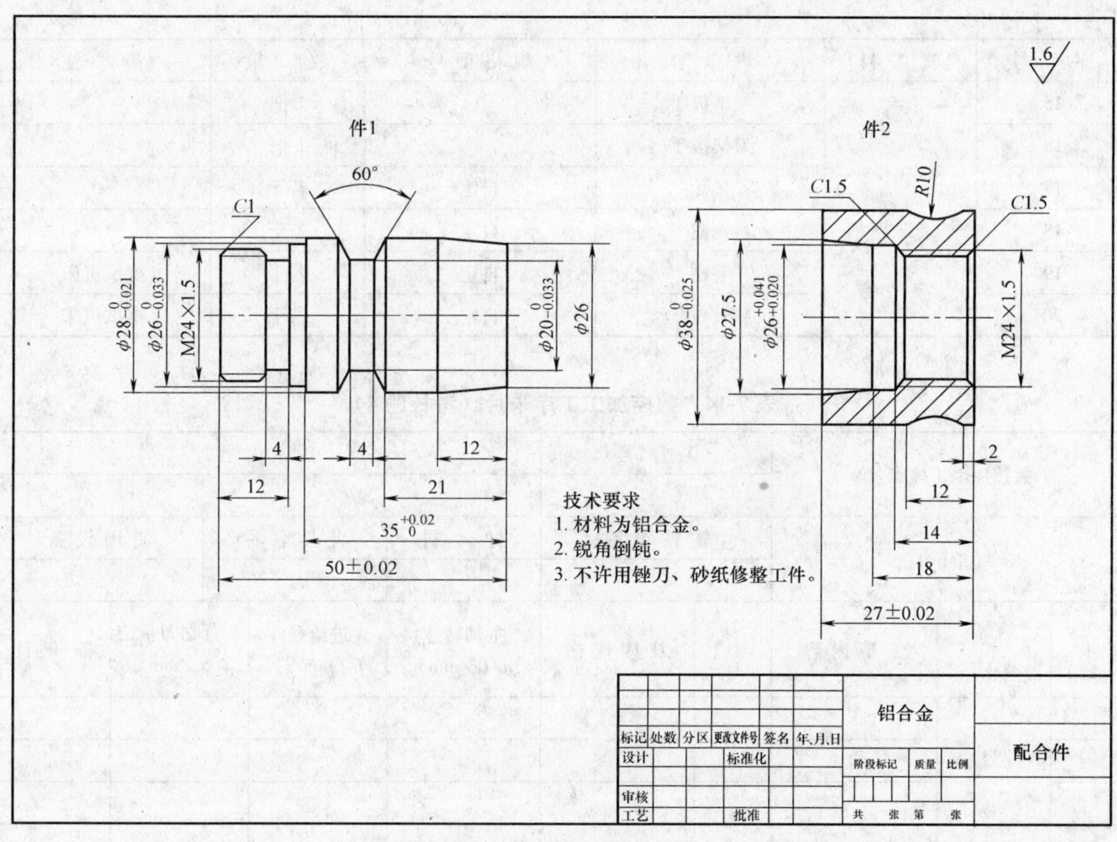

图7-4　零件图4

表7-13　准备单（考核题4）

序　号	项　目	内　容	规格型号	数　量	备　注
1	机床	数控车床	SK40P	1台	
2	毛坯	铝合金棒料	ϕ44mm×90mm	1根	
3	刀具	外圆车刀	93°	1把	
4		切槽刀	刀宽4mm	1把	
5		外螺纹车刀	刀尖角60°	1把	
6		麻花钻	ϕ20mm	1把	
7		内孔车刀	90°	1把	
8		内螺纹车刀	刀尖角60°	1把	
9	量具	游标卡尺	150mm	1把	
10		外径千分尺	25~50mm	1把	
11		内径百分表	18~35mm	1套	
12		螺纹环规	M24×1.5	1套	
13		螺纹塞规	M24×1.5	1套	
14		半径样板		1套	

（续）

序　号	项　目	内　容	规格型号	数　量	备　注
15	工具	三爪扳手		1把	
16		刀架扳手		1把	
17		垫片	自定	若干	
18		铜皮	自定	若干	
19		毛刷	自定	若干	擦拭机床
20		棉布、棉丝	自定	若干	擦拭机床

表 7-14　数控加工工序卡片（考核题 4）

数控加工工序卡片				工序号		工序内容			
（单位）				零件名称	材　料	夹具名称		使用设备	
工步号	程序号	工步内容	刀具号	刀具规格	主轴转速 $n/(\mathrm{r/min})$	进给量 $f/(\mathrm{mm/r})$	背吃刀量 a_p/mm	备　注	
编　制			审　核			第　页		共　页	

表 7-15　数控加工刀具卡片（考核题 4）

序　号	刀位点	刀具名称	刀具参数	被加工表面

表 7-16 零件评分表（考核题4）

班 级				考件编号			
姓 名				用 时			
序 号	项 目		配 分		得 分		备 注
			IT	R_a	IT	R_a	
1	件1	$\phi28_{-0.021}^{\ 0}$ mm	6	3			超差不得分
2		$\phi26_{-0.033}^{\ 0}$ mm	6	3			超差不得分
3		M24×1.5 外螺纹	7	3			超差不得分
4		$\phi20_{-0.033}^{\ 0}$ mm	6	3			超差不得分
5		$35_{\ 0}^{+0.02}$ mm	2				超差不得分
6		(50±0.02) mm	2				超差不得分
7		60°槽	4				超差不得分
8	件2	$\phi38_{-0.025}^{\ 0}$ mm	6	3			超差不得分
9		M24×1.5 内螺纹	7	3			超差不得分
10		*R*10mm 圆弧	2	2			超差不得分
11		(27±0.02) mm	2				超差不得分
12	加工工艺		5				酌情扣分
13	程序编制		5				酌情扣分
14	机床操作		5				酌情扣分
15	装刀、对刀		5				酌情扣分
16	量具使用		5				酌情扣分
17	安全文明操作		5				酌情扣分
合 计			100				

考 核 题 5

如图7-5所示，根据图样要求，进行零件加工分析，确定装夹方式和加工方案，选择刀具和切削用量，填写工艺文件，编制加工程序，并完成零件加工。

考核时间：6h。

表 7-17 准备单（考核题5）

序 号	项 目	内 容	规格型号	数 量	备 注
1	机床	数控车床	SK40P	1台	
2	毛坯	45 钢棒料	ϕ45mm×140mm	1根	
3	刀具	外圆车刀	93°	1把	
4		切槽刀	刀宽4mm	1把	
5		外螺纹车刀	刀尖角60°	1把	
6		麻花钻	ϕ20mm	1把	
7		内孔车刀	90°	1把	
8		内螺纹车刀	刀尖角60°	1把	

（续）

序号	项目	内容	规格型号	数量	备注
9	量具	游标卡尺	150mm	1把	
10		外径千分尺	25~50mm	1把	
11		内径百分表	18~35mm	1套	
12		螺纹环规	M24×1.5	1套	
13		螺纹塞规	M24×1.5	1套	
14		半径样板	*R*25mm	1个	自制
15	工具	三爪扳手		1把	
16		刀架扳手		1把	
17		垫片	自定	若干	
18		铜皮	自定	若干	
19		毛刷	自定	若干	擦拭机床
20		棉布、棉丝	自定	若干	擦拭机床

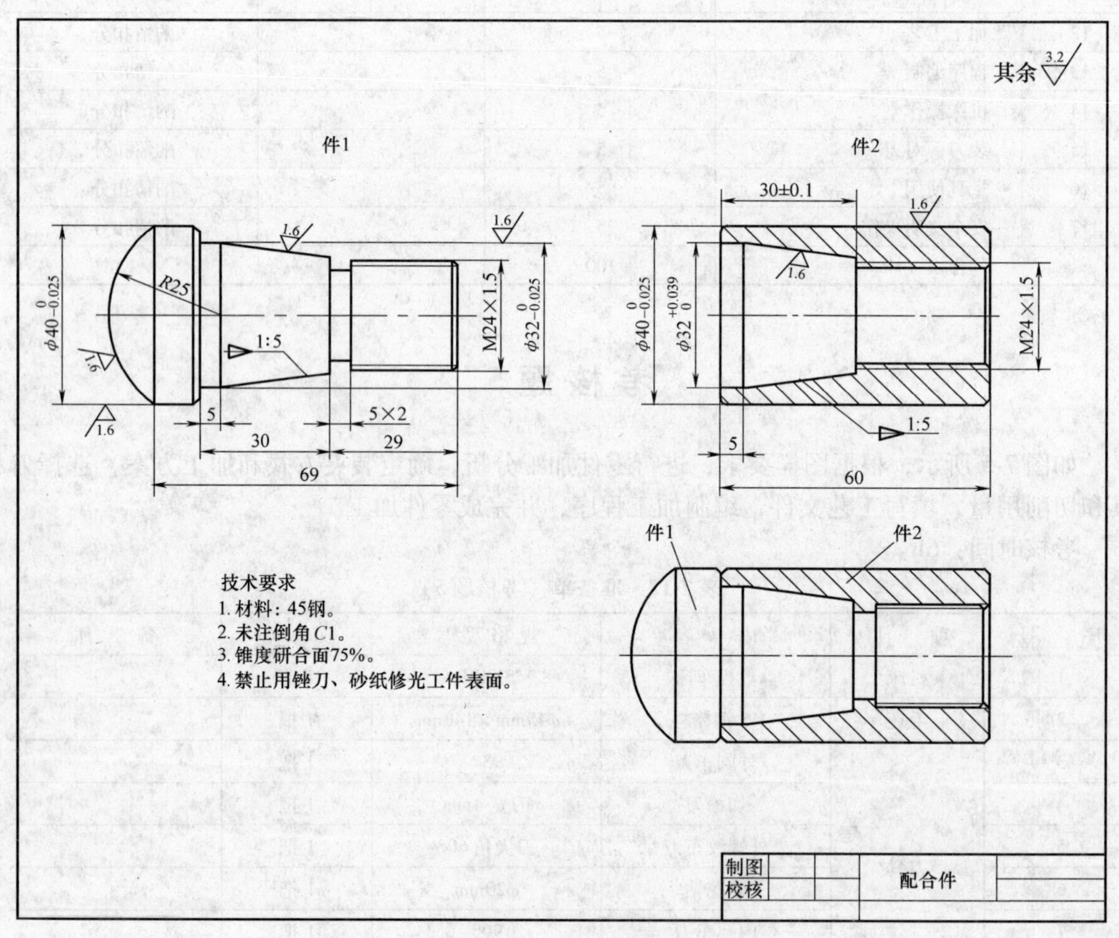

图7-5 零件图5

表7-18 数控加工工序卡片（考核题5）

数控加工工序卡片			工序号			工序内容		
(单位)			零件名称		材料	夹具名称	使用设备	
工步号	程序号	工步内容	刀具号	刀具规格	主轴转速 n/(r/min)	进给量 f/(mm/r)	背吃刀量 a_p/mm	备注
编制			审核			第 页		共 页

表7-19 数控加工刀具卡片（考核题5）

序号	刀位点	刀具名称	刀具参数	被加工表面

表7-20 零件评分表（考核题5）

班级				考件编号		
姓名				用时		
序号	项目		配分 IT	配分 R_a	得分 IT	得分 R_a	备注
1	件1	$\phi40_{-0.025}^{0}$ mm	6	3			超差不得分
2	件1	M24×1.5 外螺纹	7	3			超差不得分
3	件1	$\phi32_{-0.025}^{0}$ mm	6	3			超差不得分
4	件1	1：5 外锥面	2	2			超差不得分
5	件1	R25mm 圆弧	2	2			超差不得分
6	件2	$\phi40_{-0.025}^{0}$ mm	6	3			超差不得分
7	件2	$\phi32_{0}^{+0.039}$ mm	6	3			超差不得分
8	件2	M24×1.5 内螺纹	7	3			超差不得分
9	件2	(30±0.1) mm	2				超差不得分
10	件2	1：5 内锥面	2	2			超差不得分
11	加工工艺		5				酌情扣分

（续）

序　号	项　目	配　分		得　分		备　注
		IT	R_a	IT	R_a	
12	程序编制	5				酌情扣分
13	机床操作	5				酌情扣分
14	装刀、对刀	5				酌情扣分
15	量具使用	5				酌情扣分
16	安全文明操作	5				酌情扣分
合　计		100				

附 录

附表 A FANUC 0i Mate-TC 系统 G 代码表（系统 A）

代 码	组 别	功 能	格 式
◤G00	01	快速进给	G00 X（U）__ Z（W）__;
G01		切削进给	G01 X（U）__ Z（W）__ F__;
G02		顺时针圆弧插补 CW	G02/G03 X（U）__ Z（W）__ {R__ / I__ K__} F__;
G03		逆时针圆弧插补 CCW	
G04	00	程序暂停	G04［X / U / P］; X、U 后面的数值要带小数点，以秒（s）为单位； P 后面的数值为整数，以毫秒（ms）为单位
G10		可编程数据输入	G10 P__ X__ Z__ R__ Q__; 或 G10 P__ U__ W__ C__ Q__;
G11		可编程数据输入方式取消	
◤G18	16	*ZX* 平面选择	G18;
G20	06	英制输入	
G21		米制输入（毫米输入）	
◤G22	09	存储行程检测功能有效	
G23		存储行程检测功能无效	
G27	00	参考点返回检查	G27 X（U）__ Z（W）__;
G28		返回参考点	G28 X（U）__ Z（W）__;
G30		返回第 2、第 3 和第 4 参考点	G30 X（U）__ Z（W）__;
G31		跳转功能	G31 X__ Z__ F__;
G32	01	螺纹切削	单头螺纹：G32 X（U）__ Z（W）__ F__; 多头螺纹：G32 X（U）__ Z（W）__ F__ Q__;
◤G40	07	刀尖半径补偿取消	{G41 / G42 / G40} {G01 / G00} X（U）__ Z（W）__;
G41		刀尖圆弧半径左补偿	
G42		刀尖圆弧半径右补偿	
G50	00	设定坐标系/最大主轴转速	设定工件坐标系：G50 X__ Z__; 设定主轴最高转速：G50 S__;
G52		设定局部坐标系	G52 X__ Z__;
G53		选择机床坐标系	G53 X__ Z__;

（续）

代　码	组　别	功　能	格　式
◤ G54	14	选择工件坐标系 1	G54
G55		选择工件坐标系 2	G55
G56		选择工件坐标系 3	G56
G57		选择工件坐标系 4	G57
G58		选择工件坐标系 5	G58
G59		选择工件坐标系 6	G59
G65	00	宏程序调用	
G66	12	宏程序模态调用	
◤ G67		宏程序模态调用取消	
G70	00	精车循环	G70 P (*ns*) Q (*nf*);
G71		外径、内径粗车循环	G71 U(Δ*d*) R (*e*); G71 P (*ns*) Q (*nf*) U (Δ*u*) W (Δ*w*) F (*f*) S (*s*) T (*t*);
G72		端面粗车循环	G72 W (Δ*d*) R (*e*); G72 P (*ns*) Q (*nf*) U (Δ*u*) W (Δ*w*) F (*f*) S (*s*) T (*t*);
G73		固定形状车削复合循环	G73 U (Δ*i*) W (Δ*k*) R (*d*); G73 P (*ns*) Q (*nf*) U (Δ*u*) W (Δ*w*) F (*f*) S (*s*) T (*t*);
G74		端面断续加工循环（端面深孔钻削）	G74 R (*e*); G74 X (U) Z (W) P (Δ*i*) Q (Δ*k*) R (Δ*d*) F (*f*) S (*s*) T (*t*);
G75		外径/内径断续加工循环	G75 R (*e*); G75 X (U) Z (W) P (Δ*i*) Q (Δ*k*) R (Δ*d*) F (*f*) S (*s*) T (*t*);
G76		螺纹切削复合循环	G76 P (*m*) (*r*) (*α*) Q (Δd_{min}) R (*d*); G76 X (U) Z (W) R (*i*) P (*k*) Q (Δ*d*) F (*l*) S (*s*) T (*t*);
◤ G80	10	固定钻循环取消	G80
G83		平面钻孔循环	G83 X (U) __C (H) __Z (W) __R__Q__P__F __K__M__;
G84		平面攻螺纹循环	G84 X (U) __C (H) __Z (W) __R__P__F__K __M__;
G85		正面镗孔循环	G85 X (U) __C (H) __Z (W) __R__P__F__K __M__;
G87		侧钻循环	G87 Z (W) __C (H) __X (U) __R__Q__P__F __K__M__;
G88		侧攻螺纹循环	G88 Z (W) __C (H) __X (U) __R__P__F__K __M__;
G89		侧镗循环	G89 Z (W) __C (H) __X (U) __R__P__F__K __M__;

（续）

代　　码	组　别	功　　能	格　　式
G90	01	外径/内径切削循环	G90 X（U）__Z（W）__F__; G90 X（U）__Z（W）__R__F__;
G92		螺纹切削循环	G92 X（U）__Z（W）__F__; G92 X（U）__Z（W）__R__F__;
G94		端面切削循环	G94 X（U）__Z（W）__F__; G94 X（U）__Z（W）__R__F__;
G96	02	主轴恒线速度设置	G96　S__;
◤ G97		主轴恒线速度设置取消	G97　S__;
G98	05	每分钟进给	G98　F__;
◤ G99	00	每转进给	G99　F__;

注：① 当机床电源打开或按“复位”键时，标有“◤”符号的G代码被激活，即默认状态。

② 可以在同一个程序段中指令多个不同组的G代码。

③ 如果在同一程序段中指令了两个或两个以上同组的G代码，仅执行最后指令的G代码。

④ G代码按组号显示。

⑤ 由于电源打开或复位，使系统被初始化时，已指定的G20或G21代码保持有效。

⑥ 00组的G代码为非模态G代码（除了G10和G11外）。

⑦ 当指定了G代码表中没有列出的G代码时，显示P/S报警（010号）。

⑧ 如果在固定循环中指定了01组的G代码，就像指定了G80指令一样将取消固定循环。指令固定循环的G代码不影响01组G代码。

附表B　HNC-21T系统G代码表

代　　码	组　别	功　　能	格　　式
G00	01	快速移动	G0 X__Z__;
◤ G01		直线插补	G1 X__Z__F__; 倒角：G01 X__Z__C__; 倒圆：G01 X__Z__R__;
G02/G03		顺时针圆弧插补/逆时针圆弧插补	G2 / G3 X__Z__I__K__F__; G2 / G3 X__Z__R__F__;
G04	00	暂停时间	G4　P__;（P单位为s）
G20	08	英制单位输入	
◤ G21		米制单位输入	
G28	00	从中间点返回参考点	G28　X__　Z__;
G29		从参考点返回	G29　X__　Z__;
G32	01	螺纹车削	G32　X__Z__R__E__P__F__;
◤ G36	16	直径尺寸	
G37		半径尺寸	
◤ G40	09	取消刀尖半径补偿	
G41		调用刀尖半径补偿，刀在轮廓左侧移动	
G42		调用刀尖半径补偿，刀在轮廓右侧移动	

（续）

代码	组别	功能	格式
G53	00	机床坐标系选择	
◤ G54	11	选择工件坐标系 1	
G55		选择工件坐标系 2	
G56		选择工件坐标系 3	
G57		选择工件坐标系 4	
G58		选择工件坐标系 5	
G59		选择工件坐标系 6	
G71	06	外径、内径粗车复合循环	G71 U（Δd）R（r）P（ns）Q（nf）X（Δx）Z（Δz）F（f）S（s）T（t）； G71 U（Δd）R（r）P（ns）Q（nf）E（e）F（f）S（s）T（t）；
G72		端面粗车复合循环	G72 W（Δd）R（r）P（ns）Q（nf）X（Δx）Z（Δz）F（f）S（s）T（t）；
G73		固定形状车削复合循环	G73U（Δi）W（Δk）R（r）P（ns）Q（nf）X（Δx）Z（Δz）F（f）S（s）T（t）；
G76		螺纹切削复合循环	G76 C（c）R（r）E（e）A（α）X（x）Z（z）I（i）K（k）U（d） V（Δd_{min}）Q（Δd）P（p）F（l）；
◤ G80	01	外径、内径粗车简单循环	G80 X__ Z__ F__； G80 X__ Z__ I__F__；
G81		端面粗车简单循环	G81 X__ Z__ F__； G81 X__ Z__ K__F__；
G82		螺纹切削简单循环	G82 X__Z__R__E__C__P__F__； G82 X__Z__I__R__E__C__P__F__；
G90	13	绝对尺寸	
G91		增量尺寸	
◤ G94	14	每分钟进给，单位 mm/min	G94 F__；
G95		每转进给，单位 mm/r	G95 F__；
G92	00	工件坐标系设定	G92 X__Z__；
G96	15	恒定切削速度（F 单位：mm/r；S 单位：m/min）	G96 S__；
◤ G97		恒定切削速度取消（S 单位：r/min）	G97 S__；

注：① 当机床电源打开或按“复位”键时，标有“◤”符号的 G 代码被激活，即默认状态。

② 00 组中的 G 代码是非模态的，其他组的 G 代码是模态的。

附表 C　SINUMERIK 802S/C 系统 G 代码表

代码	组别	功能		格式
G0	1	快速移动		G0 X__ Z__;
◤ G1		直线插补		G1 X__ Z__ F__;
G2/G3		顺时针圆弧插补/逆时针圆弧插补	终点＋圆心	G2/G3 X__ Z__ I__ K__ F__;
			终点＋半径	G2/G3 X__ Z__ CR＝__ F__;
			圆心＋圆心角	G2/G3 I__ K__ AR＝__ F__;
			终点＋圆心角	G2/G3 X__ Z__ AR＝__ F__;
G5		通过中间点进行圆弧插补		G5 X__ Z__ IX__ KZ__ F__;
G33		加工恒螺距螺纹		圆柱螺纹：G33 Z__ K__ SF＝__;
				锥螺纹（锥角小于45°）： G33 Z__ X__ K__ SF＝__;
				锥螺纹（锥角大于45°）： G33 Z__ X__ I__ SF＝__;
				端面螺纹：G33 X__ I__ SF＝__;
G4	2	暂停时间		暂停时间（s）：G4 F__;
				暂停主轴转数：G4 S__;
G74		返回参考点		G74 X__ Z__;
G75		返回固定点		G75 X__ Z__;
G25	3	主轴转速下限		G25 S__;
G26		主轴转速上限		G26 S__;
G158		可编程零点偏移		G158 X__ Z__;
G17	6	*XY* 平面		
◤ G18		*ZX* 平面		
◤ G40	7	取消刀尖半径补偿		
G41		调用刀尖半径补偿，刀在轮廓左侧移动		
G42		调用刀尖半径补偿，刀在轮廓右侧移动		
◤ G500	8	取消可设定零点偏置		
G54		第一可设定零点偏置		
G55		第二可设定零点偏置		
G56		第三可设定零点偏置		
G57		第四可设定零点偏置		
G53	9	按程序段方式取消可设定零点偏置		
◤ G60	10	准确定位		
G64		连续路径方式		
G9	11	准确定位，单程序段有效		

（续）

代码	组别	功能	格式
◤ G601	12	在 G60、G9 方式下精准确定位	
G602		在 G60、G9 方式下粗准确定位	
G70	13	英制单位输入	
◤ G71		米制单位输入	
◤ G90	14	绝对尺寸	
G91		增量/相对尺寸	
G94	15	进给率，单位 mm/min	G94 F__;
◤ G95		主轴进给率，单位 mm/r	G95 F__;
G96		恒定切削速度（F 单位 mm/r；S 单位 m/min）	G96 S__; G96 S__ LIMS=__ F__;
G97		恒定切削速度取消（S 单位 r/min）	G97 S__;
◤ G450	18	圆弧过渡	
G451		等距线的交点，刀具在工件转角处不切削	
G22	29	半径尺寸	
◤ G23		直径尺寸	
LCYC…		调用标准循环	用一个独立的程序段调用标准循环，传送参数必须已经赋值
LCYC82		钻削，深孔加工	R101 R102 R103 R104 R105; LCYC82;
LCYC83		深孔钻削	R101 R102 R103 R104 R105 R107 R108 R109 R110 R111 R127; LCYC83;
LCYC840		带补偿夹具切削螺纹	R101 R102 R103 R104 R106 R126; LCYC840;
LCYC85		镗孔	R101 R102 R103 R104 R105 R107 R108; LCYC85;
LCYC93	/	切槽（凹槽循环）	R100 R101 R105 R106 R107 R108 R114 R115 R116 R117 R118 R119; LCYC93;
LCYC94		凹凸切削循环（退刀槽循环）	R100 R101 R105 R107; LCYC94;
LCYC95		毛坯切削循环	R105 R106 R108 R109 R110 R111 R112; LCYC95;
LCYC97		螺纹切削循环	R100 R101 R102 R103 R104 R105 R106 R109 R110 R111 R112 R113 R114; LCYC97;

注：带"◤"的功能在程序启动时生效。

参 考 文 献

[1] 中华人民共和国劳动和社会保障部．数控车工国家职业标准［S］．北京：中国劳动社会保障出版社. 2005.

[2] 郝继红，甄雪松，等．数控车削加工技术［M］．北京：北京航空航天大学出版社，2008.

[3] 宣振宇．数控车削加工编程实例［M］．沈阳：辽宁科学技术出版社，2009.